# 问林探木
# 树木树人

## 纪念朱惠方先生诞辰 120 周年

中国林业科学研究院木材工业研究所 ◎ 主编

中国林业出版社
China Forestry Publishing House

**图书在版编目(CIP)数据**

问林探木 树木树人:纪念朱惠方先生诞辰120周年/中国林业科学
研究院木材工业研究所主编. -- 北京:中国林业出版社, 2022.12(2023.12重印)

ISBN 978-7-5219-1986-8

Ⅰ.①问… Ⅱ.①中… Ⅲ.①木材学－文集 Ⅳ.①S781-53

中国版本图书馆CIP数据核字(2022)第233859号

策划编辑:李　顺
责任编辑:李　顺　王思源　薛瑞琦

出版发行:中国林业出版社
　　　　(100009,北京市西城区刘海胡同7号,电话83223120)
电子邮箱:cfphzbs@163.com
网址:www.forestry.gov.cn/lycb.html
印刷:河北京平诚乾印刷有限公司
版次:2022年12月第1版
印次:2023年12月第2次
开本:787mm×1092mm　1 / 16
印张:14.5
字数:240千字
定价:99.00元

问 林 探 木　树 木 树 人
纪念朱惠方先生诞辰 120 周年

# 序

　　新中国成立以来，我国广大科技工作者胸怀祖国、服务人民，在中华大地上树立起了一座座丰碑，铸就了独特的精神气质，即科学家精神。

　　近日欣闻，为了弘扬科学家精神，中国林业科学研究院木材工业研究所（简称木材所）开展了系列活动。举办"纪念我国著名木材学家、林业教育家、木材科学开拓者之一朱惠方先生诞辰 120 周年"就是其中重要活动之一。

　　朱惠方先生，我国林业界杰出前辈，也是我非常敬重仰慕的老师。1944—1946 年，我在中央大学（抗战爆发时内迁重庆）森林系学习，先生在内迁四川成都的金陵大学森林系任教。我们有一个共同的师长，那就是大名鼎鼎的中华人民共和国林业部首任部长、1955 年当选为中国科学院学部委员（院士）的梁希教授。梁希教授是我大学毕业论文的导师，也是引导我走上革命道路的恩师之一。导师虽比先生年长 19 岁，亦为先生老师辈，但他俩曾同期留学德国，后又共事，一同考察台湾林业，一同著文《台湾林业视察后之管见》等，并多次推荐先生筹（创）建林学院系。

　　让我最为骄傲的是，导师（1883 年生）、先生（1902 年生）、我（1921 年生），我们师生 3 人，代表 3 个不同年代，但最后都共同服务于新中国的林业事业。1953 年，我调入林业部造林司工作，曾和先生共事于中国林学会，我为林学会第一届理事、第二届常务理事；先生为第二届理事、第三届副理事长。1982—1986 年，我任中国林业科学研究院院长，对先生的英名和业绩以及在业内的重大影响，较为熟悉和了解。

　　先生爱国。他出生于半殖民地半封建社会的晚清，成长于民国时期，那时国家积贫积弱，内忧外患，战火纷飞。正如邓稼先夫人许鹿希所说，她不仅见过洋人，还见过洋鬼子；不仅见过飞机，还见过敌人的飞机在空中盘旋轰炸自己的家园；不仅挨过饿，还被敌人的炮火逼着躲进防空洞忍饥挨冻。她说因为有了这样的经历，使她能够理解邓稼先，理解他因为要造原子弹而和自己分离 28 年之久的无奈与使命。我想先生科技救国、抗战建国、建设新中国的梦想也源于此。老一辈优秀知识分子的爱国之情和家国情怀发自内心，刻进了骨子里，融入了血液中，记在了心坎上，并落到了行动上。

先生执着。无论是对我国林业人才培养还是科学研究。在人才培养中，先生始终倡导并践行"教做合一"，培养了一代又一代栋梁之才。在科研中，先生毕生从事木材资源合理开发利用研究。从20世纪30年代始，在近半个世纪的历程中，一直致力于木材性质基础理论的研究，为木材资源的合理开发利用和造纸原料来源做出了重要贡献。他的治学，完全是超功利的。即使教学、科研工作紧张，还兼有行政职务，他仍然兢兢业业，毫无怨言。在他看来，教学与科研，是辛苦的劳动，但也是一种享受。所以他乐此不疲地创建院系、培育人才、建立实验基地、考察全国各地的林业尤其是木材资源，为国家木材资源的合理开发利用殚精竭虑、献计献策。76岁高龄，本该享受清闲安静，但他没有，去世前还开展了长时间的野外考察，之后遽然离去，叫人不得不感到遗憾。

饮水思源，我国木材科学能有今天的光辉成就，不能也不应该忘记先生等老一辈科学家的重要贡献。

为了继承和弘扬以朱惠方先生为代表的老一辈科学家精神，木材所成立了专门的研究小组，组织开展先生生平和学术思想研究，深入挖掘先生学术思想和学术成就，弘扬、继承老一辈科学家对国家和事业的热爱，以及科学奉献精神，大力推进林业现代化建设和高质量发展。令人欣慰，值得推崇。

经过两年多的努力，小组成员围绕先生生平、学术思想、学术成就等进行了认真研究，撰写了研究与追忆文章，与先生的研究成果、部分著作（节选）、学术文章、年谱、宣传报道等汇集在一起，编撰成册，付梓成书，可喜可贺。

先生已远离我们44载，留给我们的可贵品质、科学精神和学术著作是我们的宝贵财富，值得我们认真学习和研究，并发扬光大。这不是我一个人的想法，从琳琅满目的纪念内容中，我听到了大家共同的心声。

相信本书的出版，将成为不朽的精神丰碑，永不褪色。

愿先生的为人和治学精神永存。

黄杞

2022年11月2日

---

注：本书中出现"抗战建国"中的"建国"，特指"建设国家"。

# 我们为什么要纪念、学习朱惠方先生

朱惠方先生是我国著名木材学家、林业教育家、木材科学开拓者。2022年是朱惠方先生诞辰 120 周年。

朱惠方先生是江苏丹阳人。经历了那个年代的风雨飘摇，20 岁的朱惠方胸怀科教救国的理想，1922 年留学德国明兴大学（今慕尼黑大学），1925 年到奥地利维也纳垦殖大学攻读森林利用学。1927 年归国后，先后任浙江大学教授、林学系主任，北平大学农学院教授、林学系主任，金陵大学农学院教授、森林系主任和国民经济计划委员会专门委员。1943 年借调重庆，任中央林业实验所副所长。1945 年抗战胜利后，赴东北接管、筹办长春大学农学院并任院长。1948 年应邀与梁希先生考察台湾，之后朱惠方先生组建了台湾大学农学院森林系，同时创建了台湾大学实验林管理处。新中国成立后，在中央政府有关部门协助下，辗转从台赴美于 1956 年回到祖国怀抱，任中国林业科学研究院森林工业科学研究所副所长兼木材性质研究室主任，是中国林学会第三届理事会副理事长，森工委员会主任，全国政协第四届委员、第五届常委。1978 年 9 月 27 日，朱惠方先生追悼会在北京八宝山革命公墓礼堂举行，邓小平、乌兰夫、方毅、陈永贵、谭震林、许德珩、童第周、周培源、茅以升等同志送花圈，陈永贵、童第周、张克侠、罗玉川、梁昌武、郑万钧等同志参加追悼会。朱惠方先生的爱国主义精神和在不同历史阶段对中国林业建设做出的突出贡献，受到了党和人民的尊重，受到国家和社会的赞誉。

**追溯发展史，值得我们思考这样一个问题：**
**我们为什么要纪念、学习朱惠方先生？**

朱惠方先生不仅对木材科学研究有很深的造诣，还从森林资源调查入手，规划了国产材利用与林业经营管理的方向。1938 年起，他调查了我国东北和西南林区的资源状况，提出国产材利用前实施的八项工作，指出森林在军工器材和经济建设中的作用。

朱惠方先生一生发表木材科学研究领域论文、报告和著作等共计33篇/部。他针对经济木材开展了系统利用研究，测试了74个树种，完成了180种国产材硬度试验，开展了中外轨枕用材强度对比试验。他完成的《中国经济木材之识别》，是研究中国经济木材的重要成果。他制定的《阔叶树材显微识别特征记载方案》，对规范我国阔叶树材解剖研究发挥了重要作用。针对林产品综合开发和高效利用，他发文提出诸多有价值的建议，其中《人造板工业》《木材利用上之防腐问题》《胶板工业》，迄今仍有重大参考价值。他联合专家提出促进林业发展的七方面建议，得到国务院领导的高度重视。通过研究数种速生树种的木材纤维形态及其化学成分、国产33种竹材制浆应用上纤维形态结构和马尾松用作粘胶纤维原料，开拓了芦竹制备粘胶纤维、富强纤维、人造毛的途径，成功试制了粘胶纤维抽丝织布。他撰文论述中国造纸业与原料开发前景，提倡在荒芜山地植树造林，间伐材可供造纸。《竹材造纸原料之检讨》等论文指出，竹材在中国分布面广、产量高，4～5年生即可使用，是一种优良的造纸原料。《竹材造纸原料之检讨》《纸浆原料——芦竹调查》等文章更是为造纸业提供了新路径。

## 溯源学科史，仍值得我们思考同样的问题：
## 我们为什么要纪念、学习朱惠方先生？

回顾120年来，以朱惠方、唐燿、成俊卿、柯病凡、葛明裕、申宗圻、王恺等为代表的一代中国木材科学的先驱和开拓者，用实际行动彰显了木材科技工作者的初心与使命担当，形成了"严谨求实、学以致用、精益求精、科学奉献"的"七老精神"，是支撑木材科学与技术创新发展的精神脊梁，滋养了一代代木材科技工作者前仆后继、守正创新。朱惠方先生是其中的杰出代表，我们要从他的经历汲取精神食粮，积蓄奋进力量。

**第一，纪念朱惠方先生，就是要学习他"振兴林业的坚定信念"**

朱惠方先生始终站在时代的前沿，秉承科技救国、振兴林业的理念，致力于林业研究和林业教育。1915年考入江苏省立第三农业学校，为出国学习先进知识而掌握了日语，后转向林业最强的德国学习。他认为"森林与国家经济关系之大，益觉国内森林建设为急不容缓之举"。他在自传中写道"余虽立志专攻林学，但于国学仍极潜心学习，虽以后数年寄居国外科目繁重，有暇仍温习国文以防旷废。深觉欧西科学必须国文基础始能畅达传泽于国内"。他不仅这样说，也这样做，并长期坚持，还主编了《英汉林业词汇》《英中日林业用语集》和《英汉林业科技词典》。

**第二，纪念朱惠方先生，就是要学习他"勇于担当的时代品格"**

1929年朱惠方先生从日本考察归来，提出"中国大学的农林（系）教师多由国外回来，于本国农林实际情况向皆默然，若不从研究入手，谋彻底解决，似难与国际争雄而谋国家经济之发展"。其后，他从教职转向研究，系统开展中国林业资源调查利用。1945年抗战胜利，长春大学决定成立农学院，解决广袤东北林区缺乏技术人才的问题，经梁希、陈嵘先生的推荐，调派本为中央林业实验所副所长的朱惠方先生担此重任。1948年朱惠方先生与梁希先生考察台湾林业，足迹遍及台湾各林场及山林管理所，还联合发表《台湾林业视察后之管见》，对台湾之森林资源特点及开发途径论述颇详。同年，经梁希推荐，朱惠方赴任台湾大学农学院森林系主任。

**第三，纪念朱惠方先生，就是要学习他"艰苦奋斗的工作作风"**

朱惠方先生多次带队去往一线考察，获得了我国东北和西南林区的木材资源情况、植物生态与环境、森林之变迁相关资料，完成了《东三省之森林概况》《东北垦殖史》《西康洪坝之森林》《大渡河上游森林概况及其开发之刍议》等考察报告，拟定了林区经营开发大纲。其中森林整治经营、木材采运方法与工具、森林管理机构、人员编制、投资概算等内容均极为详细。考察地多为未开发的林区，他和队员们翻山越岭、跋山涉水、肩挑背扛。滔滔江水之上，踏着破木材盖稻草搭建而成的索桥或蜷缩在藤筐里靠绳索过江，还有考察途中遇上土匪、瘟疫等险境。由此可见他们的艰辛和成果的可贵。

**第四，纪念朱惠方先生，就是要学习他"教做合一的教研思想"**

朱惠方先生一贯倡导"教做合一"，提倡教育与实践相结合，反对林学家徒以空洞的理论自炫。1940 年 3 月，他在《改进大学林业教育意见书》中指出"林业学校应负有教做合一的使命"，并列举德法的做法，"每一林校均有一大片森林。大学教授既为授课之教师，又是管理这片森林的技师。所取之教材，多为管理上所得之研究与经验"。他借鉴德、日等国经验，通过建设实验林践行"教做合一"的思想。开辟实验林可谓筚路蓝缕，朱惠方先生初到金陵大学时，带两位助手重建了 4000 亩的青龙山林场，"该林久经荒废未加休整。仅督理半年，不仅管理经费有着，且学校研究设备亦胥赖林场经费供给。若全国森林悉能从经济管理入手，何患林业之不能振兴也"。抗战期间，金陵大学内迁四川，他再次强调"国难当头，教学方针更应切合实际"。"教做合一"的理念与当今提倡的理论联系实际、学以致用的思想基本一致。

**第五，纪念朱惠方先生，就是要学习他"树木树人的人生使命"**

朱惠方先生献身林业 51 年，前 30 年主要从事林业教育，培养了一代代林业专门人才，曾任职浙江大学、金陵大学、北平大学、长春大学农学院、台湾大学农学院森林系及实验林管理处，是中国林业教育的奠基人，林学家吴中伦、景雷等知名专家都是朱惠方先生的学生。1976 年朱惠方先生结合国家需求提出杨木改性课题，牵头成立木材改性研究组，由孙振鸢、史广兴、陈清樾、赵振威、腰希申等人组成。从无到有，将塑合木用于制造枪托、木梭、特种工艺品等，扩大了北方主要树种——杨木的使用途径，为特种用材找到了新途径。"塑合木材的研究"获 1978 年全国科学大会奖。

朱惠方先生经历了封建社会的没落、帝国主义的侵略和新中国的建设，直面了国家千疮百孔和人民艰难困苦。通过"科教救国""洋为中用""教做合一"谋国家强盛是他矢志不渝的事业。其境界之高远，巍巍乎若泰山。

出乎史，入乎道。欲知大道，必先为史。我们纪念朱惠方先生，就是要以朱惠方先生为榜样，以"七老精神"为动力源泉，凝聚广大木材科技工作者的磅礴力量，向先哲学习，与时代同行，奋力谱写中国式现代化新征程的辉煌篇章。

中国林业科学研究院木材工业研究所文化与溯源小组

2022 年 12 月 18 日

# 目 录

序

我们为什么要纪念、学习朱惠方先生

**朱惠方先生不同时期个人照片**

1930 年　　　　　1942 年　　　　　1976 年
（北平大学）　　（金陵大学）　　（中国林业科学研究院木材工业研究所）

1941 年在四川文坝考察林相

## 20 世纪 40 年代对川康地区林业的考察

1941 年峨边沙坪，运木滑道（左一）

1941 年乘索道渡金沙江

1941 年于极峰下，发现冷杉幼树

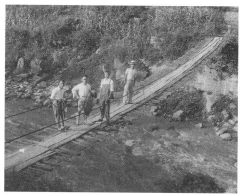

1941 年考察队员于大畏山附近铁索桥（左二）

1941 年在大罗坪，彝族女孩儿吹竹琴送行考察队员（右五）

1941 年考察队员赴四川峨边考察，与中国木业公司合影于杉木林
（后排左三）

1941 年朱惠方率队考察川康地区于竹林中合影（右二）

## 20世纪50年代初在台湾大学任教及美国纽约州立大学访学期间

1949年于台湾大学实验林

1951年在台
湾大学实验林
于红桧神木前
合影（右四）

1951 年台湾大学森林学会第一届毕业生欢送会（前排右七）

1953 年视察台湾大学实验林（右二）

20 世纪 50 年代初访美期间在实验室观察木材标本

## 1956 年归国后任职森林工业部森林工业科学研究所时期

1956 年辗转回国后，就职森林工业部森林工业科学研究所

20 世纪 50 年代与森林工业部森林工业科学研究所木材性质研究室部分同志合影（立排左三）

其中，成俊卿（立排右四）、李源哲（立排右七）、杨家驹（立排左一）、董荣海（立排右二）、李元江（立排右八）

前排从左至右：臧丽华、刘淑兰、卢鸿俊、陈锦芳、徐淑霞、杨翠仙、张荣辉

1963 年参加中国林学会杨树学术会议（前排左八），参加会议的专家还有孙时轩（前排左六）、徐纬英（前排左七）、叶培忠（前排右六）、阳含熙（前排右三）、袁东岩（二排左八）

1965 年参加中国林学会木材加工学术讨论会（前排左十），参加会议的木材学专家还有申宗圻（前排左六）、王恺（前排左十二）等

1965 年全国政协委员江西参观队在井冈山合影（三排左三）

1976 年朱惠方（右二）在木材实验室与北京大学蒋硕健教授（右一）和学生们探讨木制枪托实验项目

## 1978 年赴浙江、广西等地考察芦竹资源

1978 年考察浙江省兰溪县上华公社江堤两侧坡上栽植的芦竹（左二）

1978 年考察广西七坡林场的湿地松林（左三）

1978 年考察浙江省上虞县（今绍兴上虞区）连江公社曹娥江大堤两侧坡上栽植的芦竹林

# 1978年朱惠方先生追悼会报道

政协常委会委员、中国林学会副理事长

## 朱惠方先生追悼会在京举行

### 邓小平乌兰夫方毅陈永贵谭震林许德珩等分别送花圈和参加追悼会

新华社北京电　政协第五届全国委员会常务委员、中国林学会副理事长、中国林业科学研究院木材工业研究所副所长朱惠方先生，因患癌症，医治无效，于一九七八年九月十七日在北京逝世，终年七十六岁。

朱惠方先生追悼会，九月二十七日上午在北京八宝山革命公墓礼堂举行。

邓小平、乌兰夫、方毅、陈永贵、谭震林、许德珩、童第周、周培源、裴丽生、齐燕铭等同志，以及朱惠方先生生前友好，送了花圈。全国政协全国委员会、中共中央统战部、九三学社、全国科协、中国农科院、农林部、国家林业总局、中国林学会、中国农学会、中国农业科学院、中国林业科学院等，也送了花圈。

参加追悼会的有：陈永贵、裴丽生、李菁路、孙承佩、张克侠、郑万钧、陶东岱等同志，以及中国林业科学研究院科研人员、职工，共三百人。追悼会由农林部副部长、国家林业总局局长罗玉川主持，国家林业总局副局长、中国林业科学研究院党组书记梁昌武致悼词。

悼词说，朱惠方先生是江苏省丹阳县人，早年留学德国、奥地利，回国后，曾在浙江大学、金陵大学、台湾大学任教授。一九五四年从台湾去美国纽约州立大学任教授。一九五六年，他响应祖国的号召，毅然回到祖国，参加社会主义建设，历任中国林业科学研究院木材工业研究所副所长、中国科学会副理事长、中国人民政治协商会议第四届全国委员会委员、第五届全国委员会常务委员。朱先生是九三学社社员。

朱先生是对祖国人民怀有深厚感情的一位专家。在旧中国，他亲眼看到帝国主义对中国的侵略和压迫，旧社会的贫困和灾难，殷切渴望有一天中国能富强起来。全国解放时，他正在台湾任教，当听到毛主席在天安门庄严宣告新中国成立了，心情非常激动，下定决心要返回祖国大陆。他冒着种种危险，冲破重重关卡，设法从台湾取道德国，在美国工作一段后，终于回到祖国大陆。他的这种爱国主义精神，受到了党和人民的尊重。

朱先生回国后，十分重视自己的思想改造，努力学习马列和毛主席的著作，热爱伟大领袖和导师毛主席，热爱伟大的领袖和英明的领袖华主席，坚决拥护党的领导，坚决执行党的各项方针政策。在历次政治运动中都站在毛主席革命路线一边，他对林彪"四人帮"的倒行逆施，嫉恶如仇。特别是华主席为首的党中央粉碎"四人帮"后，他心情舒畅，精神焕发，曾奋勉易奈自到浙江、广西、江苏和上海等地调查芦竹，为祖国的造纸事业开辟新的原料来源，得到了中央和有关部门的重视和好评。就在他患病入院期间，还不断向他的助手们询问工作进行的情况。交代病好出院后的开会事宜，真正做到了生命不息，战斗不止。

朱先生从事教学和科研工作五十多年，是我国林业科学、教育界的老前辈。他在木材解剖、纤维形态方面有较高的造诣。他对青年人的学习总是循循善诱，诲人不倦。他十分重视木材学的基础理论研究，写了《中国经济木材的识别（针叶树材部分）》、《国产三十三种竹材的纤维测定》等著作，还编著了《英汉林业词汇》，并为联合国编写了《林业科技读本》。

悼词说，让我们化悲痛为力量，紧密团结在以华主席为首的党中央周围，高举毛主席的伟大旗帜，坚定不移地执行党的路线，为发展我国林业科学事业，为建设四个现代化的社会主义强国而贡献一切力量。

新华社记者　宫策

本报记者　柯夫

朱惠方先生追悼会报道（人民日报1978年10月6日四版）

**朱惠方先生部分著作和笔记资料**

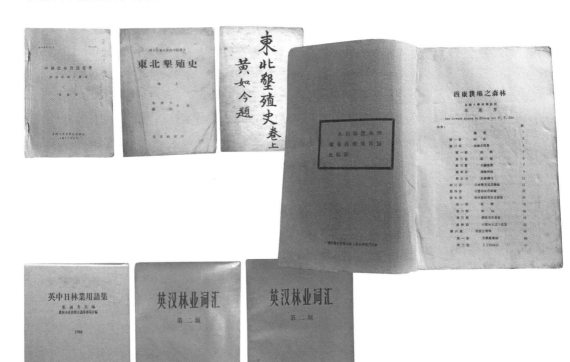

朱惠方先生部分著作（图片取自网络）

中国经济木材显微特征图集（共 5 册）——朱惠方
先生编纂（现存国家林业和草原局木材标本资源库）

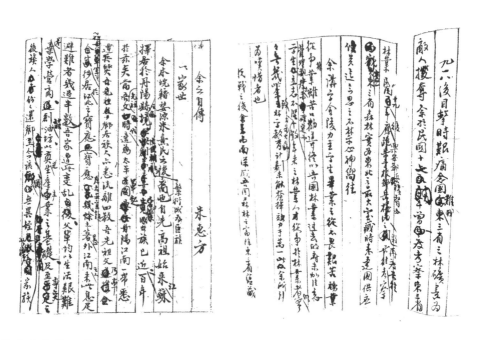

朱惠方自传手稿

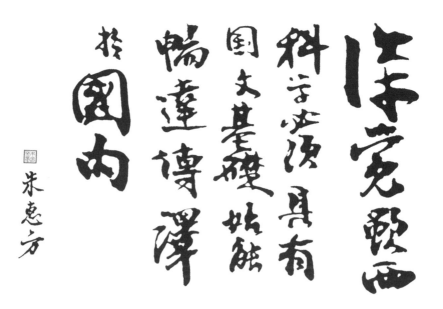

深觉欧西科学，必须具有国文基础始能畅达传泽于国内。

——摘自朱惠方先生《余之自传》中的手书（1944 年）

# 朱惠方先生年谱

- ● **1902 年（清光绪二十八年）**

　　12 月 18 日，朱惠方（Zhu Huifang），朱慧方，曾用名朱会芳，字艺园，生于江苏省宝应县。

- ● **1915 年（民国四年）**

　　是年，朱会芳考入江苏省立第三农业学校，并补习物理、化学、日语等课程。

- ● **1919 年（民国八年）**

　　是年，朱会芳从江苏省淮阴农校毕业，入同济大学德文预习班，准备到德国留学。

- ● **1922 年（民国十一年）**

　　是年，朱会芳考入明兴大学（Ludwig-Maximilians-Universität München，今慕尼黑大学），后转普鲁士林业大学。

- ● **1925 年（民国十四年）**

　　是年，朱会芳毕业于慕尼黑大学林学院，获得林学学士学位。之后到奥地利维也纳垦殖大学研究院攻读森林利用学。

- ● **1927 年（民国十六年）**

　　8 月，国民政府通过北伐攻克杭州，在浙江高等学校原校址成立第三中山大学，学校下设文理、工、劳农三个学院，其中工学院由浙江公立工业专门学校改组而成、劳农学院由浙江公立农业专门学校改组而成。

　　8 月，朱会芳从奥地利维也纳垦殖大学研究院森林利用专业毕业。同年回国，任教于浙江大学劳农学院，任副教授。

　　是年，朱会芳加入中华农学会。

- ● **1928 年（民国十七年）**

　　3 月，浙江省政府委员会主席何应钦令朱会方为浙江省第一造林场场长，朱会方请辞获批。朱会方任浙江大学教授兼林学系主任。

4 月 1 日，中华民国大学院浙江大学定名为浙江大学。

7 月 1 日，浙江大学，下设文理、工、农三个学院。

9 月，朱惠芳《改进大学林业教育意见书》刊于《农林新报》1928 年第 7～9 期。《改进大学林业教育意见书》对林业教育提出"教育方针当侧重于培养森林管理人才，基本学习科目应含有自然学科、经济学科与工程学科"，指出"林学为应用学科，始乎于教做合一之要旨"，并建议林业职业化与军事化。

12 月，朱惠方《川康森林与抗战建国》刊于《农林新报》1928 年第 10～12 期 2～34 页。《川康森林与抗战建国》一文根据当时中国森林现状，强调了森林在抗战建国之中作为一种重要战略物资的重要性。特别指出木材在军用器材如飞机、枪托、火药上的实用价值。同时可用于国防交通建设，如枪托、船舶、电杆、支柱、木炭等。提出要调查研究，加强经营管理，增进公私有林的发展，进一步强调，以上三点，如果没有严密的组织，仍旧是没有森林行政。森林行政乃是命令监督技术三种业务配合起来的，要能运用合理行政，才能推动，而林业才有发展的一日。总之，川康森林，不仅是川康紧要问题，就是中国前途的幸福，亦系乎此。

## ● 1929 年（民国十八年）

3 月，浙江大学农学院《农业丛刊》创刊，杭州笕桥农学院文牍处编辑。朱会芳《落叶层与森林上之关系》刊于《农业丛刊（杭州）》1929 年第 1 卷第 1 期 68～76 页。

8 月 15 日至 24 日，为切实勘察三门湾是否可以开辟商埠，并调查三门湾辟埠呈请人许廷佐资产是否确实，信用是否昭著，国民政府工商部、建设委员会、浙江省政府分别派定金秉时、洪绅、陆凤书、朱会芳四人为专员从事调查，四人先是于 8 月 14 日赴埠会集，15 日及 16 日考察该呈请人许廷佐所创办之益利汽水厂、洽和冰厂及冷藏堆机，16 日傍晚陪同该呈请人许廷佐赴三门湾一带切实履勘，24 日回沪并完成会勘及调查结果。

9 月，朱会芳任北平大学农学院教授、林学系主任。

是年夏，朱会芳受中华农学会派遣出席日本农学大会，同时考察了日本林业与林政现状。回国后曾感慨"中国大学的农林系教师多由国外，于本国农林实际情况向皆默然，若不从研究入手，谋彻底解决，似难与国外争雄而谋国家经济之发展。"

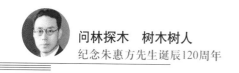
10 月，《中华林学会会员录》载：朱会芳为中华林学会会员。

是年，1929 级浙江大学农学院园艺学教师有梁希、朱会芳、章祖纯、郭枢、沈待春、王兆泰。

## ● 1930 年（民国十九年）

是年，朱会芳任金陵大学农学院教授、森林系主任。

## ● 1931 年（民国二十年）

3 月，朱会芳《中国造纸事业与原料木材》（未完）刊于《农林新报》1931 年第 8 卷第 8 期 7 ~ 9 页。

3 月，朱会芳《中国造纸事业与原料木材》（续）刊于《农林新报》1931 年第 8 卷第 9 期 2 ~ 4 页。

12 月 11 日，《农业周报》1931 年第 1 卷第 33 期 42 页刊登《农界人名录：朱会芳》。朱会方，字艺园，江苏丹阳人，年二十九岁。德国普鲁士林业大学毕业，奥地利维也纳垦殖大学研究院研究。曾任第三中山大学农学院专任教员，浙江大学农学院副教授，北平大学农学院教授。现任金陵大学林科教授。

## ● 1933 年（民国二十二年）

3 月，朱会芳《东三省之森林概况》刊于《农林新报》1933 年第 10 卷第 8 期 6 ~ 12 页。

10 月，朱会芳《森林与水之关系》刊于《农林新报》1933 年第 10 卷第 30 期 2 ~ 4 页。

## ● 1934 年（民国二十三年）

3 月，朱会芳《提倡国产木材的先决问题》刊于《广播周报》1934 年第 12 期 18 ~ 21 页。

11 月，朱会芳完成中国中部木材的强度试验，测试的树种达 74 种之多，其中针叶树材 9 种，阔叶树材 65 种。

11 月，朱会芳、陆志鸿《中国中部木材之强度试验》刊于《中华农学会报》1934 年第 129、130 期 78 ~ 109 页。朱会芳撰文论述中国造纸业与原料开发前景，提倡在荒芜山地植树造林，其间伐材可供造纸。之后金陵大学农学院朱会芳、中央大学工学院陆志鸿著《中国中部木材之强度试验》（中央大学工学院专篇之一）由台湾中央大学出版组刊印单行本。陆志鸿（1897—1973年），字筱海，嘉兴人。1915年赴日留学入东京第一高等学校预科、本科。1920年以优异成绩免试升入东京帝国大学工学部，研究金属采矿。1923年撰毕业论文《浮游选矿》，获日本学术界赏识，后应三井公司聘，在三池煤矿任职一年。1924年回国任教于南京工业专门学校。1927年，中央大学设工学院，将南京工业专门学校并入，遂改任中央大学土木系教授，主授工程材料、力学及金相学等课。同时创设材料学及金相学试验室，对研究、检验我国国防工业和民用工业的材料与产品的用途具有重大的作用。1937年抗日战争爆发，志鸿督率员工将试验室迁移重庆。为避日本侵略军飞机空袭，亲自设计开辟地下试验室，坚持从事材料学与金相学的研究及教学工作。期间曾赴滇边考察矿产，去川西南指导灰渣水泥制造，去自流井（今自贡市）试验从盐卤中提炼纯镁等。1945年秋参与接受台湾大学，1946年任台湾大学校长，1948年夏改任台湾大学机械系教授，从此潜心从事研究与教学。其重要著作有《工程力学》《材料力学》《材料强度学》《建筑材料学》《金属物理学》《工程材料学》《最小二乘法》等，所编纂的《嘉兴新志》（上编已付梓，下编佚）是一部用近代观点记载嘉兴状况的地方文献。1973年5月4日病逝于台北。台湾大学为纪念陆志鸿而建志鸿馆，塑有半身铜像。

是年，朱会芳、陆志鸿《材料试验法》（中央大学工学院专篇之三）由台湾中央大学出版组刊印。

### ● 1935 年（民国二十四年）

1月1日，朱会芳演讲、姚开元记录《世界木材之需给概况》刊于《台湾中央大学日刊》1935年第1354期2196～2198页。

1月2日，朱会芳演讲、姚开元记录《世界木材之需给概况（续）》刊于《台湾中央大学日刊》1935年第1355期2201～2202页。

1月，朱会芳《提倡国产木材的先决问题》刊于《农林新报》1935年第12卷第2期2～5页。

2月，朱会芳《中国木材之硬度研究》刊于《金陵学报》1935年第5卷第1期1～34页。

8月，朱会芳《木材之需给概观》刊于《农林新报》1935年第12卷第8期5~9页。该文还刊于《江苏月报》1935年第4期32~36页。

是年，朱会芳完成中国木材硬度之试验，共测试的树种达180种，按测得硬度之大小，分成甚软、软、适硬、硬、甚硬5个等级。

## ● 1936 年（民国二十五年）

1月，朱会芳《木材利用上之防腐问题》刊于《广播周报》1936年第67期45~49页。该文还刊于《农林新报》1936年第13卷第1期33~35页。

3月，朱会芳《竹材造纸原料之检讨》刊于《农林新报》1936年第8期5~8页。该文认为竹材在中国分布面广，产量高，4~5年生即可使用，是一种优良的造纸原料。文章指出要利用竹材造纸，除应选择适宜的竹种外，还应开展大面积集团造林，以保证原料的持续供应。

3月，朱会芳著《竹材造纸原料之检讨》由金陵大学农学院刊印。

7月，《中华林学会会员录》刊载：朱会芳为中华林学会会员。

11月1日，四川省林学界佘季可、杨靖孚发起组织四川林学会在成都举行成立大会，选出佘季可、刁群鹤、陈全汉、程复新、杨靖孚、秦齐三、邬仪、谢开明、何知行等为执行委员，还有5名候补委员、5名监察委员、2名候补监察委员。

11月，金陵大学农学院开始迁移工作，朱会芳负责迁校工作，农学院人员及图书仪器标本175箱随校本部一起迁到成都华西坝华西大学。

## ● 1937 年（民国二十六年）

3月12日，《四川林学会会刊》编辑部出刊《四川林学会会刊·成立纪念号》，杨靖孚题发刊词。

4月11日，四川林学会举行有80余人参加的临时会员大会，对四川省的林政、林业、林学进行研讨，并向四川省政府提出《推进四川实施纲要建议书》。

7月，抗日战争全面爆发，11月南京中央大学随国民政府内迁重庆。

7月24日，金陵大学教授朱会芳到陕西调查林木。

7月，《西北农专周刊》1937年第2卷第1期15页刊登《金陵大学教授朱惠芳先生来陕调查核桃林》。

10 月 24 日，四川林学会在成都召开会员大会，改选佘季可、程复新、陈德铨、邬仪为理事，佘季可为常务理事，另选出候补理事 3 人、监事 5 人、候补监事 3 人。

## ● 1938 年（民国二十七年）

2 月，金陵大学师生分批抵达成都，并于 3 月 1 日在华西大学开学。成都华西大学也是一所教会大学，该校占地 300 余亩*，校舍巍峨壮丽，皆为美国教会捐建，风格颇似南京金陵女子文理学院内的建筑。金陵大学迁至华西大学后，所有办公楼、教学楼、图书馆、实验室等，均与华西大学共同使用。由章之汶任农学院院长，朱惠芳代理森林系主任。期间朱惠芳率队到川西和西康地区，调查森林资源，完成中国中部木材的强度试验。

3 月，金陵大学在华西坝正式开学。

7 月 7 日，朱惠方《四川森林问题之重要及发展》刊于《四川林学会特刊·抗战建国周年纪念刊》1938 年特刊号 12 ~ 20 页。记载《四川林学会会员名单》共 87 人，其中中华林学会职员录还列有成都分会理事名单：李荫桢、朱惠方、佘季可、程复新、邵均、朱大猷、张小留、蒋重庆、刘讽吾、安事农、韩安。

7 月，朱惠方、陆志鸿《中国中部木材之强度试验》由金陵大学农学院森林系刊印。

7 月，朱惠方《中国木材之硬度研究》《大渡河上游森林概况及其开发之刍议》《木材利用上之防腐问题》《四川森林问题之重要及其发展》《推进四川油桐生产方案之拟议》《木材的先决问题》《世界木材之需给概观》《竹材造纸原料之检讨》由金陵大学农学院森林系刊印。

7 月，朱惠方、王一桂《列强林业经营之成功与我国林政方案之拟议》由金陵大学农学院森林系刊印。

9 月至 10 月，朱惠方应成都商界人士王剑民等之邀，率考察组深入大渡河上游的汉原、越隽、泸定等县，以大渡河为中心，东起汉原之羊脑山，西迄泸定县之雨洒坪，更及临河南北之山脉，对地势、植物生态与环境、森林之变迁进行考察。

---

\* 1 亩 =1/15 公顷（$hm^2$）。

7

## ● 1939 年（民国二十八年）

2 月，朱会方、王一桂《增进四川油桐生产方策之拟议》刊于《建设周刊》1939 年第 8 卷第 6 期 1 ~ 11 页。

2 月，朱惠方《松杉轨枕之强度比较试验》刊于《金陵学报》1939 年第 9 卷第 1、2 期 63 ~ 84 页。

3 月 31 日，朱惠方《造林运动盛》刊于《农林新报》（森林专号）1939 年第 16 卷第 6 ~ 8 期 1 ~ 2 页；同期，朱惠方《大渡河上游森林概况及其开发之刍议》刊于 10 ~ 36 页。

4 月，朱惠方著《大渡河上游森林概况及其开发之刍议》（森林调查丛刊蓉字捌号，26 页）由金陵大学农学院森林系刊印。此书详细报告了以大渡河为中心、东起汉源之羊脑山，西迄泸定之雨洒坪，及临河之南北山脉，而侧重王岗坪、大洪山数处的森林资源调查，并对森林的种类、面积、地理位置、海拔高度、生长状况以及可开发程度、经营保护方法等都有极其精细的描述，极有助于了解当时这一地区森林资源的实际状况，有助于我们正确对待今天森林资源的变化、合理保护和开发利用。

6 月，朱惠方《四川全省茶业之鸟瞰》刊于《新四川月刊》1939 年第 1 卷第 6 期 25 ~ 28 页。

9 月，国民政府经济部中央工业试验所在重庆北碚创建木材试验室，负责全国工业用材的试验研究，这是中国第一个木材试验室。编印《木材试验室特刊》，每号刊载论文一篇，至 1945 年，共出版 45 号，其作者主要有唐燿、王恺、屠鸿达、承士林等。

是年，金陵大学农学院推广委员会成员：主席章之汶，副主席管泽良，书记汪正琯，委员王绶、包望敏、朱惠方、郝钦铭、乔启明、章文才、欧阳苹。

## ● 1940 年（民国二十九年）

3 月，朱惠方《改进大学林业教育意见书》刊于《农林新报》1940 年第 17 卷第 7 ~ 9 期 1 ~ 2 页，其中指出：林业学校应负有教做合一的使命。

4 月，朱惠方《川康森林与抗战建国》刊于《农林新报》1940 年第 17 卷第 10 ~ 12 期 1 ~ 5 页。

6 月，中央工业试验所木材试验室毁于日机轰炸。

8月，木材试验室迁至四川乐山。

## ● 1941年（民国三十年）

2月，中华林学会在重庆的一部分理事和会员集会，决定恢复中华林学会活动。经过讨论，修改会章，改组机构。选举姚传法、梁希、凌道扬、李顺卿、朱惠方、傅焕光、康瀚、白荫元、郑万钧、程复新、程跻云、李德毅、林枯光、李寅恭、唐燿、皮作琼、张楚宝17人为理事，其中姚传法、梁希、凌道扬、李顺卿、朱惠方5人为常务理事，姚传法为理事长。

3月，朱惠方主编，吴中伦著《青衣江流域之森林》（中国森林资源丛著）由金陵大学农学院森林系刊印。

3月，朱惠方《木栓》（金陵大学林产利用丛书，11页）由金陵大学农学院森林系刊印。

5月，朱惠方《西康洪坝之森林》（中国森林资源丛著）（蓉字报告No13，155页）由金陵大学农学院森林系刊印。

5月，朱惠方《大渡河上游森林概况及其开发之刍议》刊于《全国农林试验研究报告辑要》1941年第1卷第3期92、93页。

5月，南京金陵大学教授朱惠方考察烟袋、朵洛、八窝龙等乡。

5月，南京金陵大学教授朱惠方考察洪坝后所著的《西康洪坝之森林》一书记载：洪坝一村，计有村民35户，考所属种族，概有3种。土著原为康人，计17户，汉人6户。

5月，朱惠方《西康洪坝之森林》（中国森林资源丛书，142页）由金陵大学农学院森林系刊印。

6月，朱惠方《西康洪坝之森林》刊于《全国农林试验研究报告辑要》1941年第1卷第6期157～158页。

7月，在农林部林业司司长、林学家李顺卿的主持下，重庆国民政府农林部成立中央林业实验所，任命韩安为所长，邓叔群为副所长。

8月，国民政府交通部、农林部筹办木材公司，委托中央工业试验所木材试验室主任唐燿组织中国林木勘察团，调查四川、西康、广西、贵州、云南五省林区及木业，以供各地铁路交通之需要，共组织5个分队，结束之后均有报告问世，唐燿为之编写《中国西南林区交通用材勘察总报告》。其中川康队由柯病凡担任，参加人有柯病凡、朱惠方、陈绍行等人，负责勘察青衣江及大渡河流域之森林及木业，注重雅安一带电杆之供应，及洪坝等森林之开发。曾就洪雅、罗坝、雅安等地调查木材市场，就天全之青城山勘察森林；复经芦山、荥经，过大相岭抵汉源，勘察大渡河及洪坝之森林，更经富林，由峨眉返乐山。行程 1700余里*，共历时 69 日。其调查报告称：洪坝杉木坪为赖执中占有，洪坝各支沟森林为赖执中等私有。川康勘查团 1942 年 8 月 15 日由乐山出发，10 月 5 日抵达九龙之冰东，6 日到达洪坝，7 日由洪坝至大杉木坪……洪坝森林后又经福中木业公司采伐，经营 4 年，因缺乏伐木器具而停止，所伐木材约 10 万立方尺*，多数丢弃，少数原条及枋墩运往乐山出售。

9 月，朱惠方《木栓》刊于《全国农林试验研究报告辑要》1941 年第 1 卷第 5 期 137 页。

10 月，《中华林学会会员录》载：朱惠方为中华林学会会员。

## ● 1942 年（民国三十一年）

8 月，在中央工业试验所的协助下，唐燿在乐山购下灵宝塔下的姚庄，将中央工业试验所木材试验室扩建为木材试验馆，唐燿任馆长。根据实际的需要，唐燿把木材试验馆的试验和研究范畴分为八个方面：①中国森林和市场的调查以及木材样品的收集，如中国商用木材的调查；木材标本、力学试材的采集；中国林区和中国森林工业的调查等。同时，对川西、川东、贵州、广西、湖南的伐木工业和枕木资源、木材生产及销售情况，为建设湘桂、湘黔铁路的枕木供应提供了依据。还著有《川西、峨边伐木工业之调查》《黔、桂、湘边区之伐木工业》《西南木业之初步调查》等报告，为研究中国伐木工业和木材市场提供了有价值的实际资料。②国产木材材性及其用途的研究，如木材构造及鉴定；国产木材一般材性及用途的记载；木材的病虫害等。③木材的物理性质研究，如木材的基本物理性质；木材试验统计上的分析和设计；木材物理性的惯常试验。④木材力学试验，如小而无疵木材力学试验；商场木材的试验；国产重要木材的安全应力试验等。⑤木材的干燥试验，如木材堆集法和天然干燥；木材干燥车间、木材干燥程序等的试验和研究。⑥木材化学的利用和试验，如木材防腐、防火、防水的研究；

---

* 1 里 =500 米（m）。
　1 尺 =1/3 米（m）。

木材防腐方法及防腐工厂设备的研究；国产重要木材天然耐腐性的试验。⑦木材工作性的研究，如国产重要木材对锯、刨、钻、旋、弯曲、钉钉等反应及新旧木工工具的研究。⑧伐木、锯木及林产工业机械设计等的研究。

9 月，朱惠芳《橡胶述略》刊于《农林新报》1942 年第 7 ~ 9 期 3 ~ 17 页。

10 月，朱会芳《中国木材之硬度研究》刊于《全国农林试验研究报告辑要》1942 年第 2 卷第 4、5 期 81 ~ 82 页；同期，朱惠方《松杉轨枕之强度比较试验》刊于 82 页。

是年，朱惠芳《橡胶述略》( 金陵大学林产利用丛书 ) 由金陵大学农学院刊印。

## ● 1943 年（民国三十二年）

3 月，《朱会友惠方任中林所副所长》刊于《中华农学会通讯》1943 年第 27 期 22 ~ 23 页。

6 月，邓叔群辞去中央研究院林业实验研究所副所长职务，朱惠方任副所长。在此期间，朱惠方曾兼任川康农工学院教授、农垦系主任。

## ● 1944 年（民国三十三年）

1 月，朱惠方《木材工艺讲座（一）: 中国木材工艺之重要与展望》刊于《农业推广通讯》1944 年第 6 卷第 1 期 71 ~ 73 页。

2 月，朱惠方著《成都市木材燃料之需给》( 农林部中央林业实验所研究专刊第 2 号，63 页 ) 由中央林业实验所刊印。

4 月，朱惠方《木材工艺讲座（二）: 林间制材工业（上）》刊于《农业推广通讯》1944 年第 6 卷第 3 期 46 ~ 47 页。

4 月，朱惠方《成都市木材燃料之需给》刊于《林学》1944 年第 3 卷第 1 期，23 ~ 85 页。

4 月，朱惠方《木材工艺讲座（三）: 林间制材工业（下）》刊于《农业推广通讯》1944 年第 6 卷第 4 期 37 ~ 39 页。

8 月，朱惠方《人造板工业》刊于《农业推广通讯》1944 年第 8 期 26 ~ 29 页。

● **1945 年（民国三十四年）**

4 月，朱惠方《木材利用之范畴与进展》刊于《林讯》1945 年第 2 卷第 2 期封二，3 ~ 7 页；同期，朱惠方《胶板工业》刊于 13 ~ 20 页。

10 月，朱惠方《复员时木材供应计划之拟议》刊于《林讯》1945 年第 2 卷第 5 期封二，3 ~ 7 页。

11 月 15 日，罗宗洛（台湾大学第一任校长，任期 1945 年 8 月—1946 年 7 月）正式接收台北帝国大学，台湾大学成立，该接收日成为台大的校庆纪念日。

是年冬，国民党政府教育部派朱惠方到长春，组建长春大学农学院，任教授兼院长。

● **1946 年（民国三十五年）**

7 月，国民党政府教育部决定在吉林省长春市设立长春大学，委任黄如今为校长，接收伪校 15 所，于民国三十五年七月二十日正式成立。教务训导及总务三处主要负责人：教务长张德馨，训导长张焕龙，总务长官辅德，文学院院长徐家骥，理学院院长强德馨，法学院院长刘全忠，农学院院长朱惠方，工学院院长孙振先，医学院院长郭松根。

10 月，国民政府接收在长春的"新京大同学院""新京医科大学""新京工业大学""新京法政大学""新京畜产兽医大学"等高校，合并组建长春大学，归教育部管辖。长春大学分设文、理、法、农、工、医六个学院。农学院设农艺、森林、畜牧、兽医以及农业经济系，朱惠芳任院长。

● **1947 年（民国三十六年）**

4 月，朱惠方、董一忱著《东北垦殖史（上卷）》（长春大学农学院丛书）由从文社出版。

8 月，林渭访教授任台湾大学农学院森林系主任，任职至 48 年 10 月。根据《台湾大学组织规程》第十四条：学系（科）置主任一人，办理系（科）务；第十七条：学系（科）主任与研究所所长，由各学系（科）与研究所组成选任委员会，选任新任系（科）主任与所长，报请学院院长转请校长聘兼之；第十七条：系（科）主任、所长应具备副教授以上资格，系（科）主任、所长任期以三年为原则。

9 月，《林产通讯》创刊于台北，半月刊，由台湾省政府农林处林产管理局秘书室编辑，发表林产专业论著，颁布有关林业的训令、法规、章则，刊有会议记录和工作调查报告、林业局工作概况和大事纪要。栏目有命令类、公告类、业务类、消息类、论著类、文艺类等。

## ● 1948 年（民国三十七年）

2 月 6 日至 3 月 12 日，应台湾省林产管理局、林业试验所之邀，中央大学森林系梁希教授与长春大学农学院院长朱惠方教授一行到台湾调查 5 周，足迹遍及台湾各林场及山林管理所。台湾林业试验所所长林渭访、台湾大学林学系主任王益滔等随同考察。离台前，梁希教授与朱惠方教授联名提出《台湾林业考察之管见》受到台湾林业界的高度重视，并随即在 4 月 10 日举行了中华林学会台湾分会成立大会，选出林渭访、徐庆钟、邱钦堂、黄范孝、唐振绪、王汝弼、黄希周、胡焕奇、唐瀚等为理事。

2 月 16 日，梁希、朱惠方《林学权威梁希、朱惠方二教授应邀来台》《梁朱两教授题诗八仙山》刊于《林产通讯》1948 年第 2 卷第 4 期 14 页。

3 月 27 日，中央大学梁希教授及长春大学朱惠方院长，应邀来台考察林业与木材工业 5 周（2 月 6 日至 3 月 12 日），本日向本局提出报告《台湾林业视察后之管见》，由之可窥台湾光复初年林业之若干现象及面临之疑难杂症，均曾寻求各方纾解之道。奉邀人员尚有陈嵘、皮作琼、姚传法三位，以各有要务不可分身前来。

3 月，《林业人员公宴梁希、朱惠方两教授》刊于《台湾省林业试验所通讯》1948 年第 30 期 7 页。

4 月，台湾省政府农林处林产管理局出版委员会编《台湾林产管理概况》（民国三十七年植树节专刊）收录梁希、朱惠方《台湾林业视察后之管见》。《台湾林业视察后之管见》涉及台湾省林业的经营管理、造林护林、采伐利用，内容翔实，例证充分，体现了梁希严谨求实的科学态度，由林产管理局刊印发至所属各林场。

4 月，梁希、朱惠方《台湾林业视察后之管见》刊于《林产通讯》1948 年第 2 卷第 7 期 4 ~ 18 页，文章对台湾省林业之经营管理、造林护林，采伐利用提出详尽建议，深受重视。同期，梁希《台湾游记》（诗 38 首）刊于 40 ~ 42 页。

10 月，经梁希推荐，长春大学农学院院长朱惠方教授任台湾大学农学院森林系主任，任职至 1954 年 7 月。朱惠方教授在任期间，主持森林利用研究室，1948—1949 年讲授"森林利用学"，1949—1954 年讲授"木材性质"和"木材利用"。

11 月，长春大学农学院合并到东北农学院。

## • 1949 年

1 月，傅斯年随中央研究院历史语言研究所迁至台北，并兼任台湾大学校长。台湾大学农学院森林系主任朱惠方教授深感我国应仿效德、日等林业先进国家设置实验林，并因之前日本东京帝国大学附属台湾演习林地理条件优越和具有热、温、寒等垂直森林带，因此极力向傅斯年校长争取设置实验林。

2 月，长春大学解体，其文、理、法三个学院后来并入中国共产党领导的东北大学（今东北师范大学）；医学院分离出来，后并入解放军军医大学（今吉林大学白求恩医学部）；农学院并入沈阳农学院（今沈阳农业大学）；工学院并入沈阳工学院（今东北大学）。

5 月，台湾大学校长傅斯年聘自美国学成的王子定为台湾大学农学院森林系副教授，自上海来台主持台湾大学农学院森林系造林研究室。

7 月 1 日，在傅斯年校长及朱惠方主任多方奔走下，台湾大学实验林管理处在南投县竹山镇设立，首任主任由森林系主任朱惠方兼任，对完善台湾林业教育起到重要作用。

8 月 29 日，滕咏延任台湾大学实验林管理处处长。

8 月，台湾大学校长傅斯年聘请在台纸公司林田山林场服务的周桢教授，主持森林经理学研究室。至此，森林学系造林、经营、利用三主科具备，组织架构初成。

是年，朱惠方当选为台湾省林学会理事。

## • 1950 年

1 月，木材试验馆由中国共产党四川省乐山专员公署接管。

7 月，乐山木材试验馆隶属政务院林垦部，并改名为政务院林垦部西南木材试验馆。

## ● 1951 年

3 月，朱惠方《解决本省轨枕用材问题之刍议》刊于《台湾农林通讯》1951年第 2、3 期。

6 月，台湾大学农学院森林系杨庆瀾毕业，论文 "*The Anatomical Characteristics of Popular Bambooculms of Formoss*"，指导教授朱惠方。谢文昭、许经邦毕业，论文《桂竹纤维原料之制纸试验（曹达法与亚硫酸法之品质比较研究）》《孟宗竹纤维原料的制纸试验（曹达法与亚硫酸法之品质比较研究）》，指导教授朱惠方、金孟武。

## ● 1952 年

1 月，朱惠方《中国木材之需给问题》刊于《台湾农林通讯》1952 年第 1 期。

3 月，朱惠方《中国木材之需给问题》刊于《台湾林业月刊》1952 年第 3 期。

6 月，台湾大学农学院森林系黄国丰、游星辉、陈源长、赖木林毕业，论文《樟楠鸟心石及九荸之抗弯与冲击比较试验》《台北市木材市况调查》《台湾铁道枕木之抗弯弹性冲击等之比较试验》《台湾防风林之现状与其树种之商榷》，指导教授朱惠方。陈天潢毕业，论文《樟、楠、鸟心石、九荸等之抗压、抗拉与劈制性试验》，指导教授朱惠方、黄绍幹。于湘文毕业，论文《硫酸盐法柳杉制浆初步试验》，指导教授朱惠方、金孟武。

12 月，中央人民政府政务院林垦部西南木材试验馆 13 人从四川迁北京并入中央林业部林业科学研究所（筹）。

## ● 1953 年

6 月，台湾大学农学院森林系蔡丕勳毕业，论文《台湾矿材使用价值研究》，指导教授朱惠方。

## ● 1954 年

6 月，台湾大学农学院森林系刘宣诚毕业，论文《处理材与未处理材之强度试验比较》，指导教授朱惠方。

8 月，朱惠方教授辞台湾大学农学院森林系主任职务，以交换教授身份到美国纽约州立大学林学院从事研究工作，同时考察美国的林产利用和木材加工工业，任纽约州立大学教授。

8月，周桢教授任台湾大学农学院森林系主任，任职至1955年7月。

11月，台湾公布《林学名词》，朱惠方（主任委员）、王子定、李亮恭、李须卿、李达才、林渭访、周桢、邱钦堂、陶玉田、黄希周编辑。

## • 1955年

6月，台湾大学农学院森林系林子贯、李宗正毕业，论文《红桧的机械性质》《台湾造纸树种的纤维形态》，指导教授朱惠方。

## • 1956年

1月，中国科学院名词编译委员会名词室编译《英汉林业词汇》（第一版）由科学出版社出版。

9月22日，森林工业部第13次部务会议决定成立森林工业科学研究所，任命李万新为筹备主任，张楚宝、唐耀、成俊卿、黄丹、贺近恪为委员。成俊卿任木材构造及性质研究室负责人。

11月1日，《文汇报》刊登《留美学生邓衍琳 朱惠方 李著璟 季麟征 马蕴珠回国》。

11月2日，《森林学专家朱惠方等六人从美国返抵广州》。新华社广州2日电 在美国纽约州立大学担任森林学教授的我国森林学专家朱惠方和留美学生共6人，在10月31日返抵广州，受到当地政府的热烈欢迎和接待。森林学专家朱惠方先后在浙江大学、金陵大学、北京大学任教，在长春大学农学院任过院长，1949年在台湾大学任教，1954年去美国。在这次回国的留学生中，李著璟专长土木工程和工程力学，1952年他在得克萨斯大学获得硕士学位以后，曾担任过数学工作和桥梁工程师。邓衍琳和他的夫人钟韵琴1945年同在纽约哥伦比亚大学学习，从1946年起到今年10月间，邓衍琳在联合国出版司任专员，钟韵琴也曾在联合国新闻部人民团体联络司当了4年的专员。季麟征是在洛杉矶大学研究细菌学的。马蕴珠原是台湾的中学教师，1952年由台湾到美国印第安纳州玛丽学院攻读社会学，以后又在莱奥勒大学从事研究工作。森林学专家朱惠方对新华社记者说，他回国时在旧金山受到美国移民局的多方阻拦，一位移民局的官员企图打消他返回祖国的愿望，花言巧语地说"不要回去，你有困难我们会帮助你。"朱惠方拒绝说我一点困难都没有，不需要你们的"帮助"。邓衍琳说，我和朋友们听到祖国要在今后十二年内赶上世界的先进科学水平，感到无比兴奋。

12月22日，中央下发《一九五六至一九六七年科学技术发展远景规划纲要（修正草案）》，这是我国第一个中长期科技规划，对我国各项科技事业的发展产生了极其深远的影响。林业科技发展规划列于第47项，即扩大森林资源，森林合理经营和利用。

## • 1957 年

3月14日，林业部林业科学研究所木材工业室与林产化学工业研究室联合成立森林工业科学研究所，李万新任所长。研究所下设木材性质研究室，朱惠方、成俊卿任室主任、副主任。

7月22日，国务院批准科学规划委员会成立专业小组，全国共设34个小组，其中第25组为林业组。林业组组长邓叔群（中国科学院真菌植病研究室主任）、副组长张昭（林业部部长助理）、郑万钧（南京林学院副院长）、周慧明（森林工业部林产工业局副局长），成员王恺（北京光华木材厂总工程师）、朱惠方（森林工业部森林工业科学研究所研究员）、刘慎谔（中国科学院林业土壤研究所副所长）、李万新（森林工业部森林工业科学研究所）、齐坚如（安徽农学院教授）、侯治溥（林业部林业科学研究所副研究员）、陈嵘（林业部林业科学研究所所长）、陈桂陞（南京林学院教授）、秦仁昌（云南大学教授）、韩麟凤（林业部经营局副总工程师），秘书组设在林研所。

8月，王子定接任台湾大学农学院森林系主任。

是年，朱惠方加入九三学社。

## • 1958 年

10月，中国林业科学研究院成立，朱惠方、成俊卿任中国林业科学研究院森林工业科学研究所木材性质研究室主任、副主任。

## • 1959 年

11 月，朱惠方编《英汉林业词汇》由科学出版社出版。

## • 1960 年

2 月，朱惠方当选中国林学会第二届理事会理事。

2 月 5 日至 15 日，中国林业科学研究院在北京召开了 1960 年全国林业科学技术工作会议。参加这次大会的有来自全国各省（自治区、直辖市）的林业厅、科学研究机关、高等院校和中等林校、工厂、林场及人民公社等 16 个单位、330 位代表，朱惠方参加会议。

3 月，成俊卿、何定华、陈嘉宝等著《中国重要树种的木材鉴别及其工艺性质和用途》由中国林业出版社出版。

11 月 30 日，朱惠方《中国经济木材之识别》（第一编·针叶树材）（中国林业科学研究院木材工业研究所研究报告，共 114 页）[森工 60（28 号）] 由中国林业科学研究院木材工业研究所木材性质研究室刊印。研究起止时间 1958—1960 年，本篇针叶树材为中国经济木材识别的一部分，内容分一般材性、巨观特征及显微特征，对于每种学名、别称、树木性状以及用途均附加记录，同时每种又有不同断面的显微图版，以便对照参证。

## • 1962 年

4 月，朱惠方、李新时《数种速生树种的木材纤维形态及其化学成分的研究》刊于《林业科学》1962 年第 7 卷第 4 期 255 ～ 267 页。

12 月，《北京市林学会 1962 年学术年会论文摘要》由北京林学会刊印，其中收录中国林业科学研究院木材工业研究所朱惠方《数种速生树种的纤维形态和化学成分的研究（拟宣读）》。

12 月 17 日至 27 日，中国林学会在北京举行学术年会，这次年会是中国林学会成立以来一次较盛大的学术会议，参加这次年会的有来自全国各省（自治区、直辖市）、市林学会的代表共 300 余人。会议选举中国林学会第三届理事会，李相符当选为中国林学会第三届理事会理事长，陈嵘、乐天宇、郑万钧、朱济凡、朱惠方任副理事长，吴中伦任秘书长，陈陆圻、侯治溥任副秘书长。常务理事会设林业、森工、科学技术普及和《林业科学》编委会 4 个专业委员会，陈嵘任林业委员会主任，由76位委员组成；朱惠方任森工委员会主任，由32位委员组成；李相符任科学技术普及委员会主任，由76位委员组成；《林业科学》主编郑万钧，编委会由83位委员组成。朱惠方任中国林学会第三届理事会森工委员会主任。

是年，中国林业科学研究院木材工业研究所朱惠方完成《阔叶树材显微识别特征记载方案》，起止时间1960—1962年。阔叶树材显微识别，不外乎基于单细胞（如管胞、木纤维及薄壁细胞等）及多数细胞愈合后所形成的复合体（如导管）；其形状大小和配列，随各树种，各式各样，形成不同类型，因而对于木材识别造成有利条件。木材显微特征的用途，不止用于个别种的识别，也可用于药用植物、木本纤维、木制商品鉴定，还可用于矿产上古植物遗体的考证。

## ● 1963 年

2月14日，中国林学会1962年学术年会提出《对当前林业工作的几项建议》，建议包括：①贯彻执行林业规章制度；②加强森林保护工作；③重点恢复和建设林业生产基地；④停止毁林开垦和有计划停耕还林；⑤建立林木种子生产基地及加强良种选育工作；⑥节约使用木材，充分利用采伐与加工剩余物，大力发展人造板和林产化学工业；⑦加强林业科学研究，创造科学研究条件。建议人有：王恺（北京市光华木材厂总工程师）、牛春山（西北农学院林业系主任）、史璋（北京市农林局林业处工程师）、乐天宇（中国林业科学研究院林业研究所研究员）、申宗圻（北京林学院副教授）、危炯（新疆维吾尔自治区农林牧业科学研究所工程师）、刘成训（广西壮族自治区林业科学研究所副所长）、关君蔚（北京林学院副教授）、吕时铎（中国林业科学研究院木材工业研究所副研究员）、朱济凡（中国科学院林业土壤研究所所长）、章鼎（湖南林学院教授）、朱惠方（中国林业科学研究院木材工业研究所研究员）、宋莹（中国林业科学研究院林业机械研究所副所长）、宋达泉（中国科学院林业土壤研究所研究员）、肖刚柔（中国林业科学研究院林业研究所研究员）、阳含熙（中国林业科学研究院林业研究所研究员）、李相符（中国林学会理事长）、李荫桢（四川林学院教授）、沈鹏飞（华南农学院副院长、教授）、李耀阶（青海农业科学研究院林业研究所副所长）、陈嵘（中国林业科学研究院林业研究所所长）、郑万钧（中国林业科学研究院副院长）、吴中伦（中国林业科学研究院林业研究所副所长）、吴志曾（江苏省林业科学研究所副研究员）、陈陆圻（北京林学院教授）、徐永椿（昆明农林学院教授）、袁嗣令

（中国林业科学研究院林业研究所副研究员）、黄中立（中国林业科学研究院林业研究所研究员）、程崇德（林业部造林司副总工程师）、景熙明（福建林学院副教授）、熊文愈（南京林学院副教授）、薛楫之（中国林业科学研究院林业研究所副研究员）、韩麟凤（沈阳农学院教授）。

2月，朱惠方等33位专家、教授，致书全国科协、林业部、国家科委会并报聂荣臻、谭震林副总理，就当前林业工作提出7个方面的建议。其中节约使用木材，充分利用森林采伐与木材加工剩余物，大力发展人造板和林产化学工业，由朱惠方等几位专家草拟。

4月，朱惠方《阔叶树材显微镜识别特征记载方案研究报告》[研究报告森工63（1）中国林业科学研究院木材工业研究所材性研究室]由中国林业科学研究院科学技术情报室刊印。

## • **1964年**

1月，中国林业科学研究院木材工业研究所朱惠方、纺织工业部纺织科学研究院苏锡宝完成成果"马尾松作原料制造粘胶纤维的研究"，起止时间1962年8月至1964年1月。本研究对马尾松的材性与制浆工艺进行了一系列的试验，最后经中型制浆及小型纺丝试验。试验结果阐明：①广东南北马尾松从纤维形态观察是制浆的利用标准，从原料化学成分而论，含量上各有差异，从各龄级纤维形态及树脂含量等考虑，得出了幼年材（10年生）亦适于制浆利用的可能性。②通过预水解硫酸盐法六段漂白的工艺路线，可制出r－纤维素含量高及树脂含量低的纤维浆粕。其各项化学指标符合普通粘胶纤维浆粕的要求，从而肯定了所制定的工艺路线是合适的，制浆试验并指出了加强预水解及蒸煮的工艺条件是提高浆粕反应能力的有效措施。③马尾松浆粕在纺丝过程中粘胶正常，过滤性能良好，从丝的质量和外观来看，马尾松浆粕是一种良好的纤维原料。

8月，朱惠方、腰希申《国产33种竹材制浆应用上纤维形态结构的研究》刊于《林业科学》1964年第9卷第4期33～53页。朱惠方、腰希申首次提出竹子维管束分为断腰型、紧腰型、开放型、半开放型4种类型。

10月，中国林业科学研究院木材工业研究所朱惠方、纺织科学研究院化纤组苏锡宝《马尾松用作粘胶纤维原料的研究》（中国林业科学研究院木材工业研究所研究报告第57号）由中国林业科学研究院刊印。

是年，台湾大学农学院森林系成立森林研究所，硕士班开始招收研究生，分为造林、林产、森林经理及树木学 4 个组。

12 月，朱惠方当选中国人民政治协商会议第四届全国委员会委员。

## • 1965 年

5 月 20 日，《成果公报》1965 年总第 19 期刊登中国林业科学研究院木材工业研究所成俊卿、杨家驹《阔叶树材粗视构造的鉴别特征》成果。

6 月 20 日，《成果公报》1965 年总第 20 期刊登中国林业科学研究院木材工业研究所朱惠方《阔叶树材显微识别特征记载方案》成果。木材的显微识别近 30 年来有极大的进步，但在记载方面各国学者所采用的识别特征有所差异，名称定义亦未尽统一。著者就阔叶树材研究中有关显微识别特征摘要汇编，以供进行显微识别的参考。

9 月，朱惠方、苏锡宝著《用马尾松作原料制造粘胶纤维》（科学技术研究报告 0541，23 页）由中华人民共和国科学技术委员会出版。

## • 1968 年

是年，朱惠方下放到广西邕宁县砧板中国林业科学研究院"五七"干校劳动。

## • 1973 年

是年，朱惠方申请自费回京，整理散乱的标本、图片和资料。

## • 1977 年

2 月，朱惠方主编《英汉林业词汇》（第二版）由科学出版社出版。本书修订后增收新词约 8000 条，共约 1.9 万条。词条按英文字母顺序排列。内容包括树木学、森林生态学、造林学、林木育种、森林经营。

## • 1978 年

3 月 8 日，朱惠方当选中国人民政治协商会议第五届全国委员会常务委员。

3 月，《塑合木材的研究》获 1978 年科学大会奖。完成人朱惠方、孙振鸢、夏志远、蒋硕健，完成单位中国农林科学院森林工业研究所、中国农林科学院木材工业研究所，起止时间 1965—1978 年。塑合木材是木材改性的方法之一。杨木通过塑合改性，比重、硬度、抗压、韧性等均有显著增高，且这些性能还可以按用途的不同要求，通过塑合工艺条件的控制，予以适当调整。此外塑合材加工性能良好，且易于胶接和着色上漆。主要研究内容：①研究确定合适的浸渍单体和浸渍液配方。②研究浸渍工艺条件，确定合理的浸渍工艺参数。③研究聚合工艺条件，确定合理的升温曲线和聚合时间。

6 月 13 日到 7 月 28 日，朱惠方亲赴浙江、江西、广西三省（自治区）调查芦竹生长状况，为造纸工业开辟新的原料，调查报告《纸浆原料——芦竹调查》在 1978 年 12 月 5 日《光明日报》刊出，1983 年又被上海市职工业余中学高中语文课本收录。

9 月 17 日，朱惠方先生因患癌症，医治无效，在北京逝世，终年 76 岁。朱惠方（1902—1978 年），木材学家。江苏丹阳人。1927 年毕业于奥地利垦殖大学研究院森林利用专业。曾任北平大学农学院、金陵大学教授，长春大学农学院院长、教授，台湾大学农学院森林系主任、教授。1954 年赴美国，任纽约州立大学林学院研究员。1956 年回国。历任中国林业科学研究院木材工业研究所副所长、研究员，中国林学会第二届理事、第三届副理事长。是第五届全国政协常委。曾主持速生树种塑合材的研究，为用材林速生树种的加工利用提供了依据。撰有《中国经济木材之识别》（第一编·针叶树材）及《国产 33 种竹材制浆应用上纤维形态结构的研究》等论文。编有《英汉林业词汇》，主编有《英汉林业科技词典》。

10 月 6 日，《人民日报》刊登《政协常委会委员、中国林学会副理事长朱惠方先生追悼会在京举行》。朱惠方先生追悼会，九月二十七日上午在北京八宝山革命公墓礼堂举行。邓小平、乌兰夫、方毅、陈永贵、谭震林、许德珩、童第周、周培源、裴丽生、茅以升、齐燕铭等同志，以及朱惠方先生生前友好，送了花圈。政协全国委员会、中共中央统战部、九三学社、全国科协、国家科委、农林部、国家林业总局、中国林学会、中国农学会、中国农业科学研究院、中国林业科学院等，也送了花圈。参加追悼会的有：陈永贵、童第周、裴丽生、李霄路、孙承佩、张克侠、郑万钧、陶东岱等同志和朱惠方先生生前友好，以及中国林业科学研究院科研人员、职工，共三百人。追悼会由农林部副部长、国家林业总局局长罗玉川主持，国家林业总局副局长、中国林业科学研究院党组书记梁昌武致悼词。悼词说，朱惠方先生是江苏省丹阳县人，早年留学德国、奥地利，回国后，曾在浙江大学、金陵大学、长春大学、台湾大学任教授。一九五四年从台湾去美国纽约州立大学任教授。一九五六年，他响应敬爱的周总理的号召，毅然回到祖国，参加社会主义建设，历任中国林业科学研究院木材工业研究所副所长、中国林学会副理事长，曾当选为中国人民政治协商会议第四届全国委员会委员、第五届全国委员会常务委员。朱先生是九三学社社员。朱先生是对祖国对人民怀有深厚感情的一位专家。他亲眼看到帝国主义对中国的侵略和压迫，旧社会的贫困和灾难，殷切渴望有一天中国能富强起来。全国解放时，他正在台湾任教，当听到毛主席在天安门庄严宣告新中国成立了，心情非常激动，下定决心要返回祖国大陆。他冒着种种危险，冲破重重难关，设法从台湾取道美国，在美国工作一段时间后，终于回到祖国大陆。他的这种爱国主义精神，受到了党和人民的尊重。朱先生回国后，十分重视自己的思想改造，努力学习马列和毛主席的著作。他热爱祖国，热爱伟大领袖毛主席和敬爱的周总理，坚决拥护党的领导，执行党的各项方针政策，在历次政治运动中都站在毛主席革命路线一边。他对林彪、"四人帮"的倒行逆施无比痛恨。以英明领袖华主席为首的党中央粉碎"四人帮"后，他心情舒畅，精神焕发，冒着酷暑亲自到浙江、广西、江苏和上海等地调查芦竹，为祖国的造纸事业开辟新的原料来源，得到了中央和有关部门的重视和好评。就在他患病入院期间，还不断向他的助手们询问工作进行的情况，交代病好出院后的开会事宜，真正做到了生命不息、战斗不止。朱先生从事教学和科研工作五十多年，是我国林业科学、教育界的老前辈。他对林业人才的培养作出了积极的贡献，他在木材解剖、纤维形态方面有较高的造诣。他对青年人的学习总是循循善诱，诲人不倦。他十分重视木材学的基础理论研究，写了《中国经济木材的识别（针叶树材部分)》《国产33种竹材制浆应用上纤维形态结构的研究》等著作，还编著了《英汉林业词汇》，组织有关单位编译了联合国的《林业科技辞典》。悼词说，让我们化悲痛为力量，紧密团结在以华主席为首的党中央周围，高举毛主席的伟大旗帜，为加速发展我国科研事业，为建设四个现代化的社会主义强国而贡献一切力量。

12月，《林业科学》刊登《朱惠方副理事长逝世》1978年第4期76页。

## ● 1979 年

1月2日，《浙江日报》刊登朱惠方遗作《大力种植芦竹发展纸浆原料生产》，

并附短评：《解决造纸原料的重要途径》。

## ● 1980 年

是年，朱惠方主编《英中日林业用语集》由日本农林水产技术会议事务局出版。

## ● 1981 年

2 月，朱惠方、汪振儒、刘东来等译《英汉林业科技词典》由科学出版社出版。

## ● 1982 年

9 月，铭辑《朱惠方》刊于《森林与人类》1982 年第 3 期 31 ～ 32 页。

## ● 1990 年

9 月，中国林业人名词典编辑委员会《中国林业人名词典》（中国林业出版社）朱惠方[1]：朱惠方（1902—1978 年），木材学家。江苏丹阳人。1957 年加入九三学社。1927 年毕业于奥地利垦殖大学研究院森林利用专业。曾任浙江大学农学院讲师，北平大学农学院教授、金陵大学农学院教授，长春大学农学院院长、教授，台湾大学农学院森林系主任、教授，美国纽约州立大学林学院研究员。1956 年回国，任中国林业科学研究院森林工业科学研究所副所长、研究员。是中国林学会第二届理事，第三届副理事长。全国政协第四届委员、第五届常务委员。主持研究的"速生树种塑合材"，获 1978 年全国科技大会奖。撰写研究报告《中国经济木材之识别》（第一编·针叶树材）及《国产 33 种竹材制浆应用上纤维形态结构的研究》等论文。编有《英汉林业词汇》，主编有《英汉林业科技词典》。

## ● 1991 年

5 月，中国科学技术协会编《中国科学技术专家传略·农学编·林业卷Ⅰ》由中国科学技术出版社出版。其中收录韩安、梁希、李寅恭、陈嵘、傅焕光、姚传法、沈鹏飞、贾成章、叶雅各、殷良弼、刘慎谔、任承统、蒋英、陈植、叶培

---

[1] 中国林业人名词典编辑委员会 . 中国林业人名词典 [M]. 北京：中国林业出版社，1990：74.

忠、朱惠方、干铎、郝景盛、邵均、郑万钧、牛春山、马大浦、唐燿、汪振儒、蒋德麒、朱志淞、徐永椿、王战、范济洲、徐燕千、朱济凡、杨衔晋、张英伯、吴中伦、熊文愈、成俊卿、关君蔚、王恺、陈陆圻、阳含熙、黄中立共41人。215～224页刊载朱惠方。朱惠方，木材学家，在木材学的研究中，密切联系国家经济建设的需要，适应国情和森林资源结构的变化，及时提出新的科研任务。他在木材材性与工业利用的结合方面做了许多开拓性的工作，是中国木材科学的开创者之一。他在林业教育工作中，一贯倡导"教做合一"，培养了几代林业与木材工业的科技人才。

6月，何天相《中国木材解剖学家初报》刊于《广西植物》1991年第11卷第3期257～273页。该文记述了终身从事木材研究的（唐燿、成俊卿、谢福惠、汪秉全、张景良、朱振文）；因工作需要改变方向的（梁世镇、喻诚鸿）；偶尔涉及木材构造的（木材科学：朱惠方、张英伯、申宗圻、柯病凡、蔡则谟、靳紫宸）；木材形态解剖的（王伏雄、李正理、高信曾、胡玉熹）；近年兼顾木材构造的（刘松龄、葛明裕、彭海源、罗良才、谷安根）；最后写道展望未来（安农三杰：卫广扬、周鉴、孙成志；北大新星：张新英；中林双杰：杨家驹、刘鹏；八方高孚：卢鸿俊、卢洪瑞、郭德荣、尹思慈、唐汝明、龚耀乾、王婉华、陈嘉宝、徐永吉、方文彬、腰希申、吴达期）；专题人物（陈鉴朝、王锦衣、黄玲英、栾树杰、汪师孟、张哲僧、吴树明、徐峰、姜笑梅、李坚、黄庆雄）。该文写道：朱老教授在木材的解剖著述中，构思深远，文字简洁，例证颇丰，图表亦多，显微照相日臻完善。

## ● 1993 年

3月，中国农业百科全书总编辑委员会《中国农业百科全书·森林工业卷》由农业出版社出版。该书根据原国家农委的统一安排，由林业部主持，在以中国林业科学研究院王恺研究员为主任的编委会领导下，组织160多位专家教授编写而成。全书设总论、森林工业经济、木材构造和性质、森林采伐运输、木材工业、林产化学工业六部分，后三部分含森林工业机械，是一部集科学性、知识性、艺术性、可读性于一体的高档工具书。《中国农业百科全书·森林工业卷》编辑委员会顾问梁昌武，主任王恺，副主任王凤翔、刘杰、栗元周、钱道明，委员王恺、王长富、王凤翔、王凤翥、王定选、石明章、申宗圻、史济彦、刘杰、成俊卿、吴德山、何源禄、陈桂陞、贺近恪、莫若行、栗元周、顾正平、钱道明、黄希坝、黄律先、萧尊琰、梁世镇、葛明裕。其中收录森林利用和森林工业科学家公输般、蔡伦、朱惠方、唐燿、王长富、葛明裕、吕时铎、成俊卿、梁世镇、申宗圻、王恺、陈陆圻、贺近恪、黄希坝、三浦伊八郎、科尔曼，F.F.P.、奥尔洛夫，C.φ、柯士，P.。

## ● 2004 年

8月6日，国际木文化学会《缅怀朱惠方先生——采访朱惠方之女朱家琪女士》。

## ● 2005 年

8月，中国农业大学百年校庆丛书编委会编《中国农业大学百年校庆丛书——百年人物》由中国农业大学出版社出版。朱惠方（Zhu Huifang），曾用名会芳，字艺园，江苏省丹阳县人。生于1902年12月18日，卒于1978年9月17日，享年76岁。木材学家、林业教育家，中国木材科学的开拓者之一。朱惠方于1922年考入德国明兴大学（今慕尼黑大学），后转入普鲁士林学院，1925年毕业后进入奥地利维也纳垦殖大学研究院攻读森林利用学。1927年回国后在浙江大学劳农学院任教。1929年至1930年出任北平大学农学院教授。1930年后历任金陵大学农学院教授兼森林系主任、中央林业实验所副所长、长春大学农学院教授兼院长、台湾大学农学院森林系教授兼系主任等职。1954年夏，他以交换教授身份到美国纽约州立大学林学院从事研究工作，同时考察了美国的林产利用和木材加工工业。1956年，他积极响应周恩来总理的号召，回到了祖国大陆，任中国林业科学研究院森林工业科学研究所木材性质研究室主任、森林工业科学研究所副所长。1962年12月至1978年9月任中国林学会第三届理事会副理事长。朱惠方毕生从事木材资源合理开发利用的研究。从20世纪30年代初开始，他在近半个世纪的历程中一直致力于木材性质基础理论的研究，为木材资源的合理开发利用和开发造纸原料来源做出了重要贡献：① 1934年11月，他完成了中国中部木材的强度试验，测试的树种有74种，其中针叶树材9种、阔叶树材65种。1935年，他又完成了中国木材硬度试验，测试的树种达180种，按测得硬度的大小，分为甚软、软、适硬、硬、甚硬5个等级。

②1934年初，他撰文论述中国造纸业与原料开发前景，提出在荒山植树造林，其伐材可供造纸的主张。1936年，他又撰文阐述竹材造纸问题。此外，他对芦竹制粘胶纤维、富强纤维、人造板等也颇有研究，为中国速生树种木材、竹材在人造板、造纸与纤维工业中的利用提供了科学依据。③1936年至1951年，他曾在多篇论文中对林产品的综合开发和高效利用问题进行探讨，提出很多建设性意见。④1938年以后，他根据实地考察，得出云杉、冷杉的树材是造纸的优良原料的结论。⑤1948年，他和梁希在考察台湾林业后，联名撰文对台湾的森林资源特点及开发途径有颇为详尽的论述。他深知木材解剖性质是木材的基本性质，只有充分掌握木材的特性，才能合理利用。⑥1960年，他完成"中国经济木材的识别：针叶树材"（包括7科28属64种）的研究，此项研究为中国经济木材的重要成果，对中国针叶树材的解剖研究的规范化起到了重要作用。朱惠方在林业园地耕耘了半个多世纪，前30年主要从事林业教育事业，培养了一批又一批的林业专门人才；后20年主要致力于木材科学的基础理论研究，在木材解剖和木竹材纤维形态等方面有较高的造诣，成就卓著。在林业教育工作中，他一贯主张"教做合一"。（刘建平执笔）

# 缅怀朱惠方先生

# 问林探木　树木树人
## ——纪念朱惠方先生诞辰 120 周年

中国林业科学研究院木材工业研究所文化与溯源小组

　　朱惠方（1902—1978 年），江苏省丹阳人。朱惠方先生生于晚清，负笈海外，为实现建设祖国的心愿，一生奋斗在中国林业的事业上，是中国林业事业的开拓者和奠基人。1922 年留学德国明兴大学（今慕尼黑大学），1925 年到奥地利维也纳垦殖大学攻读森林利用学。1927 年留学归国后，先后担任浙江大学教授兼林学系主任，北平大学农学院教授兼林学系主任，国民经济计划委员会专门委员，金陵大学农学院教授兼森林系主任。抗日战争爆发后，随金陵大学内迁成都，1943 年派遣到重庆中央研究院林业实验研究所任副所长。1945 年抗日战争胜利后，受教育部借调到东北接管、筹办长春大学农学院并任院长。1948 年，受台湾林业厅邀请，与梁希先生对台湾进行考察，后受邀留台组建了台湾大学农学院森林系，同时创建了台湾大学实验林管理处。新中国成立后，由于两岸的封锁，于 1956 年在政府有关部门协助下，从美国辗转回到祖国大陆，任中国林业科学研究院森林工业科学研究所副所长。1978 年 9 月因患癌症于北京逝世，邓小平、乌兰夫等党和国家领导人送花圈悼念。

## ● 丹心擘画，以林政谋国兴

　　朱惠方深感森林的合理开发利用，乃攸关国计民生之大事。"森林在经济建设中，占极重要的成分，对于人类生存，不但衣食住行，间接的保护国土安宁，防止水旱灾害，亦惟森林是赖。森林之兴废，不但与民生休戚相关，尤其影响于国家治乱，所以谋社会安宁，求经济发展，无不有一定面积森林，对于林政之推动，亦莫不认为一重要的国家行政。"朱惠方系统指出森林于抗战时期对国家的重要性，一方面可以涵养水源、保障生态；另一方面森林自身直接的贡献，可用于军用器材（包括飞机、枪托、火药等），国防交通建设（包括枕木、船舰、电杆、支柱、木炭等），举办木材工业以发展西南经济建设（如造纸工业、制材工业、干馏工业等），进行国际贸易等。(《川康森林与抗战建国》)

当时，我国由于缺乏合理的森林经营管理，不但林木被滥伐，生态被破坏，国家工业和建设所需的木材更是严重依赖国外进口。"据海关报告，1912年进口木材所耗资金为250余万关两（注：关两即海关两，清朝中后期海关所使用的一种记账货币单位，纯银583.3英厘为一海关两），至1933年已增至1000万余关两，并逐年攀升。中国对于木材一项，每年巨额的漏洞，将来教育普及和工业发展的时候，这木材的消耗，一定比现在更大，对国家经济的损失很大。""非提倡国产木材，不足以抵制。"朱惠方在《提倡国产木材的先决问题》中系统提出国产木材利用前要实施的8项工作：第一，国产木材的调查和统计；第二，现有森林的整理；第三，国产木材性质的研究；第四，国产木材的加工处理；第五，国产木材的标准规格；第六，外材的检验；第七，国产木材的贸易和运输；第八，木材关税。同时，他呼吁依靠政府与森林经营者共同努力践行。

1963年2月，朱惠方等33位专家、教授，致书全国科协、林业部、国家科委并报聂荣臻、谭震林副总理，就当前林业工作提出7个方面的建议。其中"节约使用木材，充分利用森林采伐与木材加工剩余物，大力发展人造板和林产化学工业"，由朱惠方等几位专家草拟。在节约使用木材方面，提出在伐区生产阶段，须认真贯彻合理采伐、合理利用方针，按照技术规程和伐区工艺设计施工；在积极提高人工干燥率逐步扩大干燥能力的同时，应大抓天然干燥和半人工性的天然干燥，对全国各主要木材制品的含水率应规定最低要求，由国家科委公布执行。在狠抓采伐与加工剩余物的充分利用、大力发展人造板和林产化工工业方面，提出首先应抓城市加工企业的废料利用，除发展纤维板外，还应着重研究和生产厚纸板组织，人造板的技术攻关小组，培养人造板的专门技术人才，在林学院设置人造板专业。这些建议得到国务院有关领导的高度重视。

### ● 问道山林，木材资源调查摸底

朱惠方不仅对林业资源利用进行了深远的谋划，更深入一线亲自考察。他带领金陵大学和中央大学等团队实地调查了我国的森林资源及用材林情况，获得我

31

国两大主要林区——东北林区、西南林区木材资源情况，详细记载在《东三省之森林概况》《大渡河上游森林概况及其开发之刍议》《西康洪坝之森林》《东北垦殖史》等著作中。

1938 年 9—10 月，朱惠方率考察组深入大渡河上游的汉原、越隽、泸定等县，对其地势、植物生态与环境、森林之变迁进行考察。根据考察所得资料，拟定了该片林区之经营与开发大纲。包括森林之整治与经营、木材之运输方法与工具、森林管理机构、人员编制、投资概算等，均极为详细。约在 1940 年春，朱惠方带领学生吴中伦等又对西康洪坝森林资源的分布状态、林木特性、林木蓄积量与生长量进行了调查，历时一年。朱惠方建议在安顺场附近各建一所制材厂、胶合板厂和造纸厂，以充分利用当地森林资源。1948 年，朱惠方与梁希在考察台湾林业情况后，联名发表了《台湾林业视察后之管见》等文章，对台湾之森林资源特点及开发途径论述颇详。抗战胜利后，基于森林资源情况，发表的《复员时木材供应计划之拟议》为筹划国家重建后的木材供应计划制定了具体的实施方案。

## ● 严谨治学，开拓木材学研究

国产木材的材性研究。朱惠方于 1934 年 11 月完成了中国中部（注：书中指我国温带区域）木材的主要物理力学性能试验，"对于国家经济有关之木材"开展了系统性利用研究。测试的树种达 74 种之多，其中针叶树材 9 种，阔叶树材 65 种。1935 年收集并完成了 180 种中国木材硬度之试验，并按测得硬度之大小，分成甚软、软、适硬、硬、甚硬 5 个等级。鉴于国家交通建设中铁道轨枕用量甚大，为便于国产材的利用，朱惠方选用国产木材制造轨枕，于 1937 年进行了中外轨枕用材强度比较试验。

木材解剖性质研究。木材解剖性质是木材的基本性质，只有充分掌握木材的特性，才能合理利用。朱惠方于 1960 年完成的研究工作《中国经济木材之识别（第一编·针叶树材）》，包括 7 科 28 属 64 种，是研究中国重要经济木材的成果。为帮助当时国内正在开展的阔叶树材的研究，他制定了《阔叶树材显微识别特征记载方案》，对我国阔叶树材解剖研究的规范化起到重要作用。

发展木材工业并开展专业基础研究。1936—1951 年，朱惠方曾发表多篇文章，对林产品的综合开发和高效利用问题进行探讨，提出许多有价值的建议，其中《竹材造纸原料之检讨》《木材利用上之防腐问题》，迄今仍有重大参考价值。虽然现在人造板工业的产品种类、生产技术水平已有重大发展，但通过发展人造板可以提高木材利用率，弥补木材供应之不足；农业剩余物可作为人造板的后备资源，尤以甘蔗渣最为经济这些论点，至今仍然适用。可见这些文章不是应时即兴之作，而是经过调查研究或是参考大量的文献综合提出的远见卓识。

重视造纸及纤维工业原料的开发利用。造纸工业的原料主要来源于木材，对木材的消耗量很大。早在1934年初，朱惠方就撰文论述中国造纸业与原料开发前景，提倡在荒芜山地植树造林，其间伐材可供造纸。1936年又著文探讨竹材造纸问题，认为竹材在中国分布面广，产量高，4~5年生即可使用，是一种优良的造纸原料。20世纪50年代后期，他继续对木竹材纤维形态及其化学成分进行了大量研究，发表了《数种速生树种的木材纤维形态及其化学成分的研究》（1962）、《国产33种竹材制浆应用上纤维形态结构的研究》（1964）和《马尾松用作粘胶纤维原料的研究》（1964）等文章。他对芦竹制粘胶纤维、富强纤维、人造毛的研究，进展也很快，在纺织部门的支持下，试制的粘胶纤维已抽丝织布，并已开始在浙江杭州与温州筹建生产车间，后因"文化大革命"而中断。这些研究成果，为中国速生树种木材、竹材在人造板、造纸与纤维工业中的利用提供了科学依据。1980年轻工业出版社出版的《植物纤维化学》就引用了他的一些研究成果。

## ● 春风化雨，育林业后继英才

朱惠方献身林业工作51年，前30年主要从事林业教育工作，培养了一代又一代的林业专门人才，曾在浙江大学林学系、金陵大学森林系、长春大学森林系、北平大学农学系、台湾大学农学院森林系及实验林场，是中国林业教育事业的奠基人。

朱惠方在林业教育工作中，一贯倡导"教做合一"。1940年3月他在《改进大学林业教育意见书》中指出："林业学校应负有教做合一的使命"，并列举德国、法国之做法，"每一林校均有一大片森林。大学教授既为授课之教师，又是管理这片森林的技师。所取之教材，多为管理上所得之研究与经验"。他反对林学家徒以空洞的理论自炫，学生亦少实地观察之机会。他提倡教育与实践相结合，并身体力行，多次深入基层，调查研究，掌握第一手资料。他还重视实验室和实验林的工作，注重实际操作，并不因为自己是教授而不亲自操作。对此，人们留下

了深刻的印象。他在台湾大学创建的实验林管理处，对丰富台湾林业教育内容起到了重要作用。

朱惠方待人接物彬彬有礼，谈吐优雅，是一位德高望重的学者。他性情开朗，平易近人，关心年轻一代的成长，对他们在学习上和工作上遇到的疑难问题，总是不厌其烦地讲解，务必使他们理解为止。

2022年是朱惠方先生诞辰120周年，在缅怀朱惠方先生为中国林业和木材学发展做出的突出贡献的同时，新时代的林业科技工作者应当深入挖掘朱先生的学术思想和学术成就，弘扬和继承老一辈科学家的爱国、严谨治学和无私奉献的精神，继承赓续前人事业，大力推进现代林业产业的进步，更好地服务于"绿水青山"与双碳战略目标，在新时代做出更大的贡献。

# 朱惠方：中国木材科学开创者之一

袁东岩

　　朱惠方，木材学家，在木材学的研究中，密切联系国家经济建设的需要，适应国情和森林资源结构的变化，及时提出新的科研任务。他在木材材性与工业利用的结合方面做了许多开拓性的工作，是中国木材科学的开创者之一。他在林业教育工作中，一贯倡导"教做合一"，培养了几代林业与木材工业的科技人才。

　　朱惠方，曾用名会芳，字艺园。1902 年 12 月 18 日生于江苏省宝应县一个破产的小商家庭。13 岁考入江苏省立第三农业学校，并补习物理、化学、日语等课。1919 年，年仅 17 岁的朱惠方到上海准备东渡日本求学，因当时留日费用较高，原筹措之经费不足，根据上海教育会的建议，进入同济大学德文预习班准备去德国学习。1922 年考入明兴大学（今慕尼黑大学）后转普鲁士林学院，1925 年毕业后到奥地利维也纳垦殖大学研究院攻读森林利用学，掌握了林业及林产利用的广博知识，为他毕生从事林业和木材利用的教育和研究工作打下了基础。

　　1927 年夏，朱惠方从奥地利回国后先在浙江大学劳农学院任教，1929 年到北平大学农学院任教授，1930 年到金陵大学任教授，抗日战争爆发后，随金陵大学内迁重庆，任森林系教授兼系主任，至 1943 年。在这期间，除教育、科研之外，他还积极参加学术活动，对中国林业的振兴与林产品的开发利用提出不少建议。完成了《中国中部木材之强度试验》《中国木材之硬度研究》等论文；曾二次率调查队深入川西和西康地区，调查森林资源，并提出了森林经营管理和木业开发的规划。1943 年被任命为中央林业实验所副所长。1945 年被派往长春，组建长春大学农学院，任教授兼院长。1948 年应台湾林业厅邀请，与梁希同行，赴台考察林业。当时台湾大学正在筹组森林系，朱惠方应邀就任该校森林系教授兼系主任，翌年 7 月 1 日又

来源：中国科学技术协会 编；董智勇 主编 . 中国科学技术专家传略 · 农学编 · 林业卷 I [M]. 北京：中国科学技术出版社 .1991：215-224.

创建了台湾大学实验林管理处。在此期间加入台湾省林学会，当选为理事。1954年夏，以交换教授身份到美国纽约州立大学林学院从事研究工作，同时考察美国的林产利用和木材加工工业。1956年，朱惠方积极响应周恩来总理号召，在政府有关部门协助下，几经周折，终于回到祖国大陆，在中国林业科学研究院任木材性质研究室主任、副所长等职。1957年加入九三学社。1964年、1978年分别当选为中国人民政治协商会议第四届全国委员会委员、第五届全国委员会常务委员。

### ● 毕生研究木材资源的合理开发利用

朱惠方深感林产品的合理开发利用，乃攸关国计民生之大事。早在20世纪30年代，他根据世界各国对木材与纸张消耗量的增长情况，预计中国由于社会的发展，人口的增长，对木材与纸张的消费也必然会不断上升。但中国人多林少，加之对森林的保护和合理经营管理缺乏重视，以至林木被滥伐，在人口稠密的地区，到处是濯濯童山，木材进口量也逐年上升。据海关报告，1912年进口木材所耗资金为250余万关两，至1933年已增至1000余万关两，按当时国力无疑是难以承受的。他不断阐述自己的观点，在《中国造纸事业与原料木材》《提倡国产木材的先决问题》《世界木材的需给状况》等著述中呼吁，须作未雨绸缪之计。朱惠方从20世纪30年代初起，50年来一直从事木材性质基础理论的研究，为合理利用木材资源，开发造纸原料来源做出了重要的贡献，是中国木材科学研究的开创者之一。

（一）研究木材物理力学性能

朱惠方于1934年11月完成了中国中部木材的强度试验。测试的树种达74种之多，其中针叶树材9种，阔叶树材65种。1935年完成了中国木材硬度之试验，共测试的树种达180种，按测得硬度之大小，分成甚软、软、适硬、硬、甚硬5个等级。鉴于铁道轨枕用量甚大，国产材由于性质不明，造材乏术，而不得不大量进口外材。据统计，1935年我国用于进口轨枕的资金达875万元。朱惠方为选用国产木材制造轨枕，于1937年进行了中外轨枕用材强度比较试验。

（二）考察川康两省部分地区森林资源及其开发利用

1938年9—10月，朱惠方应成都商界人士王剑民等之邀，率考察组深入大渡河上游的汉源、越巂、泸定等县，以大渡河为中心，东起汉源之羊脑山，西迄泸定县之雨洒坪，更及临河南北之山脉，对其地势、植物生态与环境、森林之变迁进行考察。根据考察所得资料，拟定了该片林区之经营与开发大纲。所列条款，包括森林之整治与经营、木材之运输方法与工具、森林管理机构、人员编制、投资概算等，均极为详细。约在1940年春，他们又对西康洪坝森林资源进行了调查，历时一年。此次调查的目的是掌握该地区天然林之分布状态、林木特性、林木蓄积量与生长量。根据实际调查得出，当地森林以云杉、冷杉为主，是造纸的优良原料。朱惠方建议在安顺场附近各建一所制材厂、胶合板厂和造纸厂，以充分利用当地森林资源。

1948年，朱惠方与梁希在台湾考察后联名发表了《台湾林业视察后之管见》一文。1951年在台湾大学任教期间，又发表了《台湾之森林》和《解决本省轨枕用材问题之刍议》等文章，对台湾之森林资源特点及开发途径论述颇详。

### （三）研究木材解剖性质

木材解剖性质是木材的基本性质，只有充分掌握木材的特性，才能合理利用。朱惠方于1960年完成的研究工作《中国经济木材之识别（第一编·针叶树材）》，包括7科28属64种，是研究中国重要经济木材的成果，对蓄积多而利用少或蓄积虽少而木材极有价值及少数稀有树种在解剖和分类研究上必须参考者均予记载。为帮助当时国内正在开展的阔叶树材的研究，他制定了《阔叶树材显微识别特征记载方案》（1962），对我国阔叶树材解剖研究的规范化起到重要作用。

### （四）重视造纸及纤维工业原料的开发利用

早在1934年初，朱惠方就撰文论述中国造纸业与原料开发前景，提倡在荒芜山地植树造林，其间伐材可供造纸。1936年又著文探讨竹材造纸问题，认为竹材在中国分布面广，产量高，4～5年生即可使用，是一种优良的造纸原料。文章指出要利用竹材造纸，除应选择适宜的竹种外，还应开展大面积集团造林，以保证原料的持续供应。20世纪50年代后期，他继续对木竹材纤维形态及其化学成分进行了大量研究，发表了《数种速生树种的木材纤维形态及其化学成分的研究》（1962）《国产33种竹材制浆应用上纤维形态结构的研究》（1964）和《马尾松用作粘胶纤维原料的研究》（1964）等文章。他对芦竹制粘胶纤维、富强纤维、人造毛的研究，进展也很快，在纺织部门的支持下，试制的粘胶纤维已抽丝织布，并已开始在浙江杭州与温州筹建生产车间，后因"文化大革命"而中断。这些研究成果，为中国速生树种木材、竹材在人造板、造纸与纤维工业中的利用提供了科学依据。1980年轻工业出版社出版的《植物纤维化学》就引用了他的一些研究成果。

### （五）提倡森林资源的综合开发利用

1936—1951年，朱惠方曾发表多篇文章，对林产品的综合开发和高效利用问题进行探讨，提出许多有价值的建议，其中《竹材造纸原料之检讨》（1936）、《木材利用上之防腐问题》（1936），迄今仍有重大参考价值。他在《人造板工业》（1944）一文中指出，人造板工业可利用废材或锯屑，"尤以榨糖废物之蔗秆最为经济"，将成为中国极有希望的一种工业。虽然现在木材工业的产品种类、生产技术水平已有重大发展，但通过发展人造板可以提高木材利用率，弥补木材供应之不足；大量农业剩余物可作为人造板的后备资源，尤以甘蔗渣最为经济这些论点，至今仍然适用。可见这些文章不是应时即兴之作，而是经过调查研究或是参考大量的文献综合提出的远见卓识。

### ● 重视学会工作，积极提出建议

1927年朱惠方就加入了中华农学会，1929年又加入了中华林学会。抗日战争开始后，学会活动中断。1941年，在姚传法（曾任中华林学会理事长）的倡议下，与在大后方的林学界人士召开会议，决定恢复中华林学会的活动。朱惠方被选为常务理事、编辑委员会委员、林业施政方案委员会委员、林业政策研究委员会委员，同时还被选为中华林学会成都分会理事。他常在《中华农学会会报》和《林学》杂志上发表文章，提出重要建议。1949年朱惠方被选为台湾省林学会理事。1960年被选为中国林学会第二届理事会理事。1962年12月，被选为中国林学会副理事长，并兼任该会森工委员会主任委员。

1963年2月，朱惠方等33位专家、教授，致书全国科协、林业部、国家科委并报聂荣臻、谭震林副总理，就当前林业工作提出7个方面的建议。其中节约使用木材，充分利用森林采伐与木材加工剩余物，大力发展人造板和林产化学工业，由朱惠方等几位专家草拟。在节约使用木材方面提出在伐区生产阶段，须认真贯彻合理采伐、合理利用方针，按照技术规程和伐区工艺设计施工；在积极提高人工干燥率逐步扩大干燥能力的同时，应大抓天然干燥和半人工的天然干燥，对全国各主要木材制品的含水率应规定最低要求，由国家科委公布执行；在狠抓采伐与加工剩余物的充分利用，大力发展人造板和林产化工工业方面，提出首先应抓城市加工企业的废料利用，除发展纤维板外，还应着重研究和生产厚纸板；组织人造板的技术攻关小组，培养人造板的专门技术人才，在林学院设置人造板专业。这些建议得到国务院有关领导的高度重视。

## ● 倡导"教做合一"思想

朱惠方献身林业工作51年，前30年主要从事林业教育工作，培养了一代又一代的林业专门人才；后20年主要从事木材科学的基础理论研究，对木材解剖和木竹材纤维形态的研究成就卓著，其中对速生树材改性制造塑合木的研究，获1978年科学大会奖。

朱惠方在林业教育工作中，一贯倡导"教做合一"。1940年3月他在《改进大学林业教育意见书》中指出："林业学校应负有教做合一的使命"，并列举德国、法国之做法，"每一林校均有一大片森林。大学教授既为授课之教师，又是管理这片森林的技师。所取之教材，多为管理上所得之研究与经验"。他反对林学家徒以空洞的理论自炫，学生亦少实地观察之机会。他提倡教育与实践相结合，并身体力行，多次深入基层，调查研究，掌握第一手资料。他还重视实验室和实验林的工作，注重实际操作，并不因为自己是教授而不亲自操作。对此，人们至今还留下深刻的印象。他在台湾大学创建的实验林管理处，对丰富台湾林业教育内容起到了重要作用。

朱惠方待人接物彬彬有礼，谈吐优雅，是一位德高望重的学者。他性情开朗，平易近人，关心年轻一代的成长，对他们在学习上和工作上遇到的疑难问题，总是不厌其烦地讲解，务必使他们理解为止。

## ● 为林业无私奉献一生

朱惠方热爱祖国的林业事业，在"文化大革命"时期，虽身处逆境，仍念念不忘科学研究。1968年下放到广西"五七"干校劳动，不能搞科研，就抽空复习外文。1973年申请自费回京，整理散乱的标本、图片和资料。他治学严谨，事必躬亲。1974年，他在进行杨木的改性研究时，虽已古稀之年，还亲自乘公共汽车去顺义县采试材。他曾感慨地说："我今年已七十有二，有何他求？但自觉耳不聋、眼不花，应该工作。"寥寥数语，道出了一位正直的老科学家的心声。

"文化大革命"结束后，朱惠方与全国千千万万热爱祖国的科技工作者一样，焕发出极大的工作热情，要把有生之年全部贡献给祖国的林业事业。1977年他主持编写的《英汉林业词汇》（第二版）出版，新增词汇达8000条。由朱惠方等合编的《英汉林业科技词典》亦于1981年出版。1978年夏秋之交，他冒着南方的酷热天气，风尘仆仆，亲赴浙江、江西、广西三省（自治区）调查芦竹生长状况，为造纸工业开辟新的原料。他的调查报告，曾在《光明日报》1978年12月

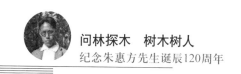

5 日刊出，1983 年又被上海市职工业余中学高中语文课本收录。但就在这次调查回京不久，他突发重病，确诊癌症，于 1978 年 9 月 17 日与世长辞。

● **简历**

1902 年 12 月 18 日生于江苏省宝应县。

1919 年江苏省立第三农业学校毕业。

1919—1922 年上海同济大学德文预习班。

1922—1925 年在德国明兴大学（今慕尼黑大学）后转普鲁士林学院学习。

1925—1927 年在奥地利维也纳垦殖大学研究院进修。

1927—1929 年任浙江大学劳农学院副教授。

1929—1930 年任北平大学农学院教授。

1930—1943 年任金陵大学农学院教授兼系主任。

1943—1945 年任农林部中央研究院林业实验研究所专门委员，副所长。

1945—1948 年任长春大学农学院院长。

1948—1954 年任台湾大学农学院教授兼森林系主任。

1954—1956 年任美国纽约州立大学林学院交换教授。

1957—1978 年任中国林业科学研究院森林工业科学研究所研究员，室主任，副所长。

1978 年 9 月 17 日病逝于北京。

● **主要论著**

1. 朱会芳，陆志鸿 . 中国中部木材之强度试验 . 中华农学会报，1934（129，130）：78–109.

2. 朱会芳，陆志鸿 . 中国木材之硬度研究 . 金陵学报，1935，5（1）：1–34.

3. 朱会芳，陆志鸿 . 提倡国产木材的先决问题 . 农林新报，1935（2）：2–5.

4. 朱会芳，陆志鸿 . 木材利用上之防腐问题 . 农林新报，1936，13（1）：33–35.

5. 朱会芳，陆志鸿 . 竹材造纸原料之检讨 . 农林新报，1936，13（8）：5–8.

6. 朱惠方 . 松杉轨枕之强度比较试验 . 金陵学报，1939，9（1–2）：63–84.

7. 朱惠方 . 大渡河上游森林概况及其开发之刍议 . 森林调查丛刊 . 金陵大学

农学院森林系，1939.

8．朱惠方．西康洪坝之森林．金陵大学森林系蓉字报告，1941（13）：155.

9．朱惠方．木栓．金陵大学林产利用丛书，1941.

10．朱惠方．橡胶述略．金陵大学林产利用丛书，1942.

11．朱惠方．人造板工业．农林推广通讯，1944（8）：26-29.

12．朱惠方．成都市木材燃料之需给．林学，1944，3（1），23-85.

13．朱惠方，董一忱．东北垦殖史（上卷）．长春大学农学院丛书．长春：从文社发行，1947.

14．梁希，朱惠方．台湾林业视察后之管见．台湾林产通讯，1948，2（7）：4-18.

15．朱惠方．解决本省轨枕用材问题之刍议．台湾农林通讯，1951（2，3）.

16．朱惠方．中国木材之需给问题．台湾林业月刊，1952（1，3）.

17．朱惠方．中国经济木材之识别．第一编：针叶树材．中国林业科学研究院木材研究所研究报告［森工（60）56号］，1960.

18．朱惠方，李新时．数种速生树种的木材纤维形态及其化学成分的研究．林业科学，1962，7（4）：255-267.

19．朱惠方．阔叶树材显微识别特征记载方案．中国林业科学研究院木材研究所研究报告［森工（63）1号］，1963.

20．朱惠方，腰希申．国产33种竹材制浆应用上纤维形态结构的研究．林业科学，1964，9（4）：33-53.

21．朱惠方．英汉林业词汇．第2版．北京：科学出版社，1977.

## ● 附注

《中国科学技术专家传略》分为理学编、工程技术编、农学编和医学编，自1991年起陆续出版。第一期工程共出版书籍27卷29册，总计1073万字，记载了自鸦片战争至1920年前出生的中国近现代杰出科学技术专家1392名。第二期工程已经出版12卷13册，563万字，记载了1921—1935年间出生的中国现代杰出的科学技术专家744名。一、二期工程入传总人数达2306人，其中两院院士占12%，总字数1900多万字，基本涵盖了在我国创建各门学科或分支学科的奠基人和开拓者，抢救和整理了许多珍贵史料。第三期工程记载1935—1949年出生的中国杰出科学技术专家。

作者简介：袁东岩，中国林业科学研究院木材工业研究所高级工程师，原《木材工业》（现《木材科学与技术》）副主编。

# 一代木材科学大家朱惠方

王建兰

朱惠方，1902年12月18日生于江苏宝应县，木材学家、林业教育家，我国木材科学的开拓者之一。2022年是朱惠方先生诞辰120周年，他的爱国情怀、科学精神和杰出贡献，值得人们深切怀念和永远铭记。

为实现科学救国理想，1922年朱惠方留学德国明兴大学（今慕尼黑大学），攻读森林利用学，毕业后求学于奥地利维也纳垦殖大学。1927年归国后，他先后任浙江大学林学系、北平大学林学系、金陵大学森林系教授，1943年任中央研究院林业实验研究所副所长，1945年筹办长春大学农学院并任院长。1948年，朱惠方受邀与梁希先生一道考察台湾林业，同年赴台组建台湾大学农学院森林系，创建台湾大学实验林管理处。1956年，他从美国辗转回到内地，后任中国林业科学研究院森林工业科学研究所（今中国林业科学研究院木材工业研究所，后简称中国林科院木材所）副所长。1957年，他加入九三学社，之后当选为中国人民政治协商会议第四届全国委员会委员、第五届全国委员会常务委员。

## ● 培育人才，倡导并践行"教做合一"理念

1928年，朱惠方提出"教做合一"理念。他在《改进大学林业教育意见书》中提出："教育方针当侧重于培养森林管理人才，基本学习科目应含有自然学科、经济学科与工程学科三项。"他指出，"林学为应用学科，始乎于教做合一之要旨"，建议林业职业化、军事化。抗战期间，他再次强调"国难当头，教学方针更应切合实际。""（学习）欧西科学，必须具有国文基础，始能畅达传泽于国内。"

1929年，在考察日本林业与林政现况后，他认为："中国大学的农林（系）

来源：中国绿色时报（2022年11月25日第3版）。

教师多由国外回来，于本国农林实际情况向皆默然，若不从研究入手，谋彻底解决，似难与国际争雄而谋国家经济之发展。"

1930 年秋至 1943 年春，朱惠方在陈嵘先生的感召下，就任金陵大学农学院教授兼森林系主任。他大力主张严格训练，加强实际工作。如他所愿，除教学外，大部分时间可用来从事科研。在经费紧缺、实验基地严重不足的情况下，他率 3 人，用半年的时间，将江苏省政府划拨给金陵大学的 4000 多亩荒地整理成实验用地。他还个人出资在南京太平门外藤子村、东善桥买地两块，作为培植树苗的教育林地。滕子村约 30 多亩，至今仍为苗圃；东善桥约 100 亩，为现今南京主要试验林场之一。由于表现突出，29 岁的他被收录于"农界人名录"。

抗战时期，朱惠方在《川康森林与抗战建国》中指出，木材可用于武器制造，包括飞机、枪托、火药等，还可用于国防交通，包括枕木、船舰、电杆支柱、木炭车辆等。为了提供军用木材，他率调查队员用了一年的时间，对浙、赣、湘、陕、甘等地进行实地调查，提供了大量有价值的关于西部森林资源的资料，并提出在西北农学院扩建大规模核桃林场等计划。受铁道部委托，朱惠方对国内外枕木用材加以研究，发表了《松杉轨枕之强度比较试验》《中国木材之胀缩试验》《世界木材之需给概观》《提倡国产木材的先决问题》《木材利用上之防腐问题》《竹材造纸之原料检讨》等文章，为木材在军事、国防、交通等方面的应用提供了非常有力的科学数据。

即使远离家人，只身一人在台湾 6 年，朱惠方仍心无旁骛，组织创建了台湾大学实验林管理处，培养了四届毕业生。20 世纪 50 年代后，实验林基地扩大成"杉竹溪森林公园"，实验林管理处更名为"台湾大学生物资源暨农学院实验林管理处"。他发表的《台湾之森林》《解决本省轨枕用材问题之刍议》等文章，对台湾的森林资源特点及其开发途径进行了非常详细的论述，为台湾林业的进步与发展做出了重要贡献。

作为主编，朱惠方完成了《林学字典》《森林利用》《林学大全》等著作，被当时教育部审定为合格教授并授予教育部服务奖状。南京林产化学研究所研究员的景雷，中国科学院学部委员、中国林业科学研究院副院长的吴中伦等一代又一代栋梁之材也深受其益。

为满足新中国大专院校师生及科研工作者的需要，朱惠方编写了《英汉林业词汇》，1959 年 11 月由科学出版社出版。后又对其进行了修订，增加新词 8000

条和拉丁学名索引，1977年再版。1981年，他与人合编了《英汉林业科技词典》，该词典还被翻译为日语，1980年由日本农林水产技术会议事务局出版《英中日林业用语集》。

朱惠方非常重视对年轻一代的培养，或谆谆教诲，或慷慨解囊，几乎只谈学生优点，爱护青年的热忱，令人肃然起敬。在战火纷飞、朝不保夕、常跑警报的抗战时期，他坚持给学生授课，由于物资缺乏、营养不良，有一天他竟晕倒在课堂上。他积极与德国洪堡基金会联系，为年轻人出国深造争取机会，为新中国的林业人才培养做出了重要贡献。

### ● 问道山林，潜心研究木材资源开发利用

朱惠方十分注重木材基础研究及资源开发利用。在国家积贫积弱、交通不便，无任何考察设施和条件的情况下，1928—1948年期间，他奔波于全国多地开展考察。他多次考察东三省林业，发表了《东三省之森林概况》，与董一忱先生合著了非常有影响力的《东北垦殖史》，对"闯关东"等历史进行了翔实记载；考察陕西核桃林时，他提出在西北扩建大规模核桃林场计划；来到大渡河时，他考察其地势、植物生态与环境、森林变迁，发表了《大渡河上游森林概况及其开发之刍议》《青衣江流域之森林》等著作；考察川西与西康地区时，发表了《西康洪坝之森林》《成都市木材燃料之需给》，他编写的《西康省单行森林法规》顺利通过并执行，并向西康省政府提出积极管理西康地区林、牧、矿三大财富资源的建议，被聘为西康省森林顾问；考察台湾林业和木材工业时，他提出《台湾林业考察之管见》，指出了台湾林业经营管理、造林护林、采伐利用等存在的问题以及解决问题的建议，受到相关部门高度重视。

朱惠方十分重视造纸及竹材等纤维工业原料的开发利用。20世纪30年代，他深感林产品的合理开发与利用为国计民生之大事，认为在社会发展、人口增长的背景下，中国对木材与纸张的消费量必然会不断上升，竭尽全力在《中国造纸事业与原料木材》《提倡国产木材的先决问题》《世界木材的需给状况》等著述中，呼吁要未雨绸缪。1934年，他撰文论述中国造纸业与原料开发前景，提倡在荒芜山地植树造林，用间伐材造纸。1936年他又著文探讨竹材造纸问题，认为中国竹材分布广、产量高，是优良造纸原料，要开展大面积规模造林，保证原料持续供应。他还曾撰文多篇，对林产品的综合开发和高效利用提出很多有价值的建

议，如《木材利用上之防腐问题》《木材利用之范畴与进展》《人造板工业》《胶合板工业》等，迄今仍具重大参考价值。

他负责完成的《中国经济木材之识别》（第一编·针叶树材），对蓄积多但利用少，或蓄积少但极有价值的木材，以及少数稀有树种在解剖和分类研究上必须参考者均进行了记载，是研究中国重要经济木材的著作成果。他制定的《阔叶树材显微识别特征记载方案》，对我国阔叶树材解剖研究的规范化发挥了重要作用。

20世纪50年代后期，朱惠方对木竹材纤维形态及其化学成分开展大量研究，发表了《数种速生树种的木材纤维形态及其化学成分的研究》《国产33种竹材制浆应用上纤维形态结构的研究》和《马尾松用作粘胶纤维原料的研究》等文章，为中国速生树种木材、竹材在人造板和造纸与纤维工业中的利用提供了有力的科学依据。其中芦竹制粘胶纤维、富强纤维、人造毛等研究成果，在纺织部门的支持下，试制的粘胶纤维抽丝织布，并在浙江杭州、温州筹建了生产车间。《芦竹粘胶纤维的利用》成功应用于生产实践，分别与北京、天津造纸所合作制成芦竹浆泊，在浙江余姚人造丝厂成功试制人造丝产品，在上海华东纺织工学院成功试制人造毛产品。

为了开辟造纸可用原料，1978年，年已76岁的朱惠方，还亲赴浙江、江西、广西三省（自治区）调查芦竹生长状况，撰写《纸浆原料——芦竹调查》，1978年12月刊登于《光明日报》，1983年被上海市职工业余中学高中语文课本收录。1979年1月2日《浙江日报》还刊登了他的遗作《大力种植芦竹发展纸浆原料生产》，并附短评《解决造纸原料的重要途径》。

## ● 殚精竭虑，为新中国林业建设鞠躬尽瘁

作为全国政协常委、中国林学会副理事长，1962年，朱惠方等提出了《对当前林业工作的几项建议》，包括：贯彻执行林业规章制度；加强森林保护工作；重点恢复和建设林业生产基地；停止毁林开垦和有计划停耕还林；建立林木种子生产基地及加强良种选育工作；节约使用木材充分利用采伐与加工剩余物，大力发展人造板和林产化学工业；加强林业科学研究，创造科学研究条件等建议。

1963年2月，他与33位专家一道，将提出的建议重新整理，作为主要成员

负责起草了"节约使用木材,充分利用森林采伐与木材加工剩余物,大力发展人造板和林产化学工业"的建议,呈报全国政协、林业部、国家科委,并报聂荣臻、谭震林副总理。这些建议得到了国务院有关领导的高度重视。

即使处于逆境期间,朱惠方都不忘种树,不忘整理散落的科研资料,他坚信这些资料总有一天能有用武之地。他整理的部分资料现存于中国林业科学研究院木材工业研究所标本室。1972年,在农林部的支持下,他组织北京林学院、内蒙古林学院、浙江农业大学、上海木材工业公司研究设计室和中国林业科学研究院11位科研人员组成编译小组,翻译联合国粮农组织和国际林业研究协会联合编写的《林业科技词典》,于1978年2月完稿,1981年2月由科学出版社出版。同时,他还积极准备新的研究课题和研究方向,对中国林业科学研究院木材工业研究所的发展和新研究室的建立进行了详细构想。

1976年后,朱惠方觉得机会来临,希望能把失去的所有时光补回来,再次开始全身心地投入。当看到国家建设急需特种用材时,他立即提出杨木改性课题,牵头成立木材改性研究组。没有条件,他就带领课题组清理一个厂房用作仓库,因陋就简地建立起实验室。人员不够,他就与北京大学高分子化学系协作,开展木材化学改性研究,同时开展大量应用试验,将塑合木用于制造枪托、木梭、特种工艺品等,并试制出了样品。他的研究扩大了北方主要树种杨树的使用途径,成就卓著。1978年《塑合木材的研究》获全国科学大会奖。

1978年,朱惠方提出了"开发芦竹作为造纸原料"的建议,建议"在浙江温州瓯江流域和绍兴、上虞等县的海塘,上海的川沙、南汇等海岸堤道以及广西邕江两岸宽一至二亩堤道上大力培植芦竹,可以形成几个大型纸浆原料生产基地"。建议受到各级领导和有关部委的关注,新华社等媒体对此均进行了报道。时任中国科协副主席裴丽生曾感叹,捧在手上的不是薄薄的写满调查数据的一纸建议,而是发展造纸工业的一条新途径,是科学家奉献给人民的一颗火热的跳动的心。

朱惠方毕生重视调研考察,1978年夏秋之交,他还会同轻工部、造纸所相关人员冒着酷暑,到江苏、浙江、广西等地实地考察一个半月。45天,下海滩、跨沟岸、涉塘堰、攀岭岗,行程上万里,研究讨论制定芦竹发展规划,研商种植、管理、收购、运输等具体问题,使"100万吨"不只是落在纸面上的数字。

1978年9月17日，朱惠方永远离开了他无比热爱的事业。邓小平、乌兰夫、方毅等党和国家领导人赠送花圈表示哀悼。在追悼会上，党和国家给予了他很高的评价："对祖国对人民怀有深厚感情的专家""是我国林业科学、教育界的老前辈""在木材解剖，纤维形态方面有较高的造诣""十分重视木材学的理论基础研究""对青年人的学习总是循循善诱，诲人不倦""对林业人才的培养作出了积极的贡献""生命不息，战斗不止"……

朱惠方先生的爱国热忱、家国情怀，树木树人的先进理念和执着的奉献精神，让人们感动，永远激励着人们在科技创新之路上一往无前。

---

作者简介：王建兰，中国林业科学研究院研究生部党委书记，高级工程师。

# 丹心一片　向木而生

## ——纪念朱惠方先生诞辰 120 周年

王建兰　闫昊鹏　张鹏　马青　王超

　　朱惠方是我国的木材学家、林业教育家，是我国木材科学开创者之一，为合理利用木材资源、开发造纸原料作出了不可磨灭的贡献。

### ● 怀揣科学救国梦想，艰辛辗转海内外

　　1902 年，朱惠方出生于江苏宝应县，1915 年考入淮阴农校，开启心中的科学救国之路，1922 年考入德国明兴大学（今慕尼黑大学）后转普鲁士林学院，1925 年获林学学士学位。之后，到奥地利维也纳垦殖大学研究院专攻森林利用学，获奥地利维也纳垦殖大学研究奖。

　　1927 年，朱惠方回到祖国，先后任教于浙江大学、北平大学、金陵大学。他曾两次率队深入川西、西康地区开展森林资源调查，提出森林经营管理和木业开发规划，发表《中国中部木材之强度试验》《中国木材之硬度研究》等学术文章。

　　1941 年，年仅 29 岁的朱惠方被收录"农界人名录"。1943 年，任中央林业实验所副所长；1945 年，被派往长春组建长春大学农学院，任教授兼院长。

　　1948 年 2 月，朱惠方应台湾林产管理局之邀，与梁希教授一起对台湾林业和木材工业开展考察，两人联名发表《台湾林业视察后之管见》，受到当地林业部门高度重视。1948 年 10 月，他在梁希的力荐下再次入台，承担台湾大学森林系筹建工作，然而这一别就是 8 年。

　　他到台湾大学不久，就向时任校长傅斯年提出仿效德国、日本等林业先进国家建立实验林。1949 年 7 月，台湾大学实验林管理处成立，朱惠方兼任首届

来源：《中国林业》2022 年 10 月，116-121。

管理处主任。20 世纪 50 年代后，实验林基地扩大成为"杉竹溪国家森林公园"，实验林管理处更名为"台湾大学生物资源暨农学院实验林管理处"。他发表的《台湾之森林》《解决本省轨枕用材问题之刍议》等文章，对台湾的森林资源特点及其开发途径进行了非常详细的论述。

1954 年夏，朱惠方以交换教授身份到美国纽约州立大学林学院从事研究工作。1956 年，在爱国情怀的驱使、新中国政策的感召和各进步团体的推动下，他克服重重困难，回到祖国大陆，先后任中国林业科学研究院森林工业科学研究所木材性质研究室主任、副所长。

## ● 注重基础理论研究，心系木材资源合理开发与利用

朱惠方痴迷木材科学基础理论研究，在木材解剖和木竹材纤维形态研究方面成就卓著，其中对速生树材改性制造塑合木的研究，获得了 1978 年科学大会奖。

同时，他还非常重视造纸及竹材等纤维工业原料的开发利用。早在 20 世纪 30 年代，他深感林产品的合理开发与利用是国计民生大事，竭尽全力在《中国造纸事业与原料木材》《提倡国产木材的先决问题》《世界木材的需给状况》等著述中，呼吁当局未雨绸缪。

1934 年，他撰文论述中国造纸业与原料开发前景，提倡在荒芜山地植树造林，用间伐材造纸。1936 年，他又著文探讨竹材造纸问题，曾撰文多篇，对林产品的综合开发和高效利用提出很多有价值的建议，《木材利用上之防腐问题》《木材利用之范畴与进展》《人造板工业》《胶合板工业》等，迄今仍有重大参考价值。

他负责完成的《中国经济木材之识别》（第一编·针叶树材），是研究我国重要经济木材的成果，制定的《阔叶树材显微识别特征记载方案》对我国阔叶树材解剖研究的规范化发挥了重要作用。

抗战时期，他认为森林是重要的战略资源，在《川康森林与抗战建国》中特别指出，木材可用于武器制造、国防交通。他率领调查组对浙、赣、湘、陕、甘等地进行实地调查，提出在西北农学院扩建大规模核桃林场等计划，以供军需之用。他还率队以大渡河为中心，对其地势、植物生态与环境、森林之变迁进行考察，拟定林区经营与开发大纲，包括森林之整治与经营、木材运输方法与工具、森林管理机构、人员编制、投资概算等，详细之极，令人叹为观止。

在中央林业实验所任职期间，受铁道部委托，他对国内外枕木用材进行研

究，发表了《松杉轨枕之强度比较试验》《中国木材之胀缩试验》《世界木材之需给概观》等，在举国抗战的艰难环境中，为木材在军事、国防交通等方面的应用提供了有力的科学数据。

1947年，在长春农学院任院长时，他与董一忱合著了非常有影响力的《东北垦殖史》，对"闯关东"等历史进行了非常翔实的记载。

20世纪50年代后期，他回到祖国大陆后继续对木竹材纤维形态及其化学成分开展大量研究，发表了《数种速生树种的木材纤维形态及其化学成分的研究》《国产33种竹材制浆应用上纤维形态结构的研究》《马尾松用作粘胶纤维原料的研究》等，为中国速生树种木材和竹材在人造板、造纸与纤维工业中的利用提供了有力的科学依据。在纺织部门的支持下，利用他的芦竹制粘胶纤维、富强纤维、人造毛等研究成果，试制出粘胶纤维抽丝织布，并在浙江杭州、温州筹建了生产车间。1980年出版的《植物纤维化学》引用了这些研究成果。

### ● 重视人才培养，大力倡导并践行"教做合一"

朱惠方献身林业51年，其中有30年在从事林业教育工作，为中华民族培养了一代又一代林业专门人才。

1928年，在《改进大学林业教育意见书》中，他提出"教育方针当侧重于培养森林管理人才，基本学习科目应含有自然学科、经济学科与工程学科三项"，指出"林学为应用学科，始乎于教做合一之要旨"，建议林业职业化、军事化。

在金陵大学任教期间，他力主严格训练，加强实际工作。当时江苏省政府划拨青龙山林场4000余亩荒废已久的山地为金陵大学实验基地，他亲率助教、工人各一人，清理林地，栽种树木。他还个人出资先后在南京太平门外藤子村、东善桥买地两块作为培植树苗的教育林地。

他即使远离家人只身一人在台湾，仍心无旁骛，组织创建台湾大学实验林管理处，培养了四届毕业生，对丰富台湾林业教育起到了非常重要的作用。

他非常关心年轻一代的成长，或谆谆教诲，或慷慨解囊，爱护青年的热忱，令人肃然起敬。南京林产化学研究所研究员景雷，中国科学院学部委员、中国林业科学研究院副院长吴中伦等一代又一代学生深受其益。

作为主编，朱惠方完成了《林学字典》《森林利用》《林学大全》等著作。他被当时教育部审定为合格教授并授予教育部服务奖状。

为了新中国的林业建设，他积极与德国洪堡基金会联系，为年轻人出国深造争取机会。1977 年，主持编写《英汉林业词汇》（第二版）出版，新增词汇达8000 条。1981 年，他与其他人合编的《英汉林业科技词典》出版。他为新中国林业人才的培养做出了积极努力和重要贡献。

## ● 积极建言献策，为祖国林业建设殚智竭力

20 世纪 20 年代，朱惠方先后加入了中华农学会、中华林学会。20 世纪 40年代，他被选为中华林学会常务理事、编辑委员会委员、林业施政方案委员会委员、林业政策研究委员会委员，同时还被选为中华林学会成都分会理事、台湾省林学会理事，常在《中华农学会会报》《林学》杂志上发表文章并提出建议。20世纪 60 年代，他先后当选为中国林学会第二届理事会理事、中国林学会副理事长兼中国林学会森工委员会主任委员。

1963 年，朱惠方等 33 位专家、教授诚恳致书全国科协、林业部、国家科委，就林业工作提出 7 个方面的建议。

1978 年，他提出了"开发芦竹作为造纸原料"的建议。1979 年 1 月 27 日，新华社对此进行了报道。1980 年，《新华日报》进行了报道。

朱惠方治学严谨，事必躬亲，无论工作和生活，从不麻烦别人与单位。他72 岁时开展杨木改性研究，还乘坐公交车从中国林业科学研究院出发去顺义采集试材。即使在他发现自己重病便血时，都不想麻烦任何人，不告知单位，也不告诉子女。

1978 年的夏秋之交，他顶着骄阳酷暑，亲赴浙江、江西、广西三省（自治区）调查芦竹生长状况，希望能为祖国造纸工业开辟新的原料。而在同年 9 月17 日，他便因直肠癌去世。他撰写的《纸浆原料——芦竹调查》，刊登在的 1978年 12 月 5 日《光明日报》上。1979 年 1 月 2 日，《浙江日报》刊登了他的遗作《大力种植芦竹发展纸浆原料生产》。

对他的辞世，1978 年 10 月 6 日的《人民日报》进行了报道。中国林业科学研究院职工共 300 多人参加追悼会，对他的一生给予了很高的评价，称其为"我国林业科学和教育界的老前辈""为培养林业人才做出了积极贡献"。

# 勤奋一生　林海为碑
## ——纪念父亲朱惠方诞辰 120 周年

朱家琪

　　我的父亲朱惠方离开我们已经 40 多年了。"勤奋一生，林海为碑"是我们镌刻在父亲墓碑上的碑文。

　　父亲朱惠方，籍贯丹阳。1902 年 12 月 18 日生于江苏省扬州宝应县，曾用名会芳。我国木材学家、林业教育家、木材科学的开拓者之一。

　　2022 年是父亲诞辰 120 周年。父亲生前所在单位中国林业科学研究院木材工业研究所（简称中国林科院木材所）开展了系列纪念活动，作为儿女的我们也陷入对他深深的怀念与追忆中。每当想起父亲，那慈祥的面容、孜孜不倦伏案工作和学习的身影便跃然眼前。

　　翻看着父亲留存的照片和资料，回忆起难忘的往事，对父亲充满着崇敬之情，也感慨他辛勤坎坷的一生。父亲的一生映射出了中华民族的时代变迁，是个人命运与民族命运息息相关的真实写照。以科学救国为己任的父辈们的家国情怀，不畏艰难困苦奉献科学、热爱祖国的精神，值得我们后辈认真学习、发扬光大。

### ● 为科学救国，传承重学忠诚家风

　　父亲出生在一个重学的小商家庭。因战乱家道败落，重学的祖父朱嘉槿不得不弃学经商，创办油坊。由于勤奋经营，实业发展不错，又因乐善好施，资助不少乡民成就学业。因此祖父成为淮宝盐阜一带小有名气的乡绅。祖母持家有方，深受乡邻称赞。这对父亲热爱教育和科研事业，以及慈爱善良、乐于助人、吃苦耐劳、处世忠诚、与人为善品质的形成有着非常深刻的影响。

父亲五岁读私塾，习国文，约十岁习算数。其老师陈凤文先生在教学中强调中国农林事业的重要，对父亲影响很大，以致十三岁时考入江苏省立第三农业学校的他就立志从事林业事业。在校学习四年，各科成绩名列前茅。

目睹腐朽没落、积贫积弱国势的父亲，逐渐萌生了科学救国的念头。像20世纪初每一个希望通过留学日本找到救国救民方法的仁人志士一样，1919年夏，17岁的父亲只身到上海准备东渡日本。但在他准备行装时，上海教育委员会力劝他改去德国。因当时德国为世界林学第一，加之留学费用低于日本，因此父亲改变计划入同济大学德文预备班攻读。

1922年5月至1926年3月，父亲于德国普鲁士大学毕业，获林学学士学位。当时与父亲同期留德的有后任集美高级农林学校校长的叶道渊、中国科学院院士、林学家、教育家、新中国首任林垦部部长梁希，林学家、河南农业大学教授贾成章，林学家、林业教育家、森林土壤学家王正，林学家王毓瓒、周桢等。

1926年5月至1927年7月，父亲到吉森大学森林利用研究室及奥地利维也纳垦殖大学研究院专攻森林利用，为奥地利林业试验场研究人员，深得老师好评，曾获奥地利维也纳垦殖大学研究奖状。对此他在自传中写道："此不仅聊以自慰，抑亦国家之光也。"

### ● 为培育桃李，践行"教做合一"

1927年夏，父亲在维也纳接到北平农业大学聘约，计划取道苏联回北平。不料当时北平至南京铁路因战争不通，无法前往，只好改由东北营口前往上海。适逢浙江林业界朋友力荐父亲到浙江教书，因此父亲先后任第三中山大学劳农学院专任教员和浙江大学劳农学院副教授、教授兼林学系主任。除教授林学课程外，还主动教授气象和德文等课程，并担任教务等工作。

回国后，父亲发现国内林业教育中存在许多问题，令其揪心不已。1928年，年仅26岁的父亲提出"教做合一"理念，他在《改进大学林业教育意见书》一文中提出"教育方针当侧重于培养森林管理人才，基本学习科目应含有自然学科、经济学科与工程学科三项"，指出"林学为应用学科，始乎于教做合一之要旨"，建议林业职业化、军事化。抗战期间，金陵大学内迁四川，他再次强调"国难当头，教学方针更应切合实际"。"教做合一"的理念与当今提倡的理论联系实际、学以致用思想非常切合。他同时强调注重国文学习，他说："（学习）欧西科学，

必须具有国文基础，始能畅达传泽于国内。"提倡洋为中用的思想。他不仅这样说，也这样做，并长期坚持。

父亲从事教育和研究的初心不改。1928 年，浙江省政府委员会主席何应钦拟将省立第一模范造林场改组为胜利第一造林场并接收第二苗圃，委任父亲为场长。但父亲以"甫自德国留学回国经验绵薄，深恐难以胜任，兼之现任劳农学院教职"等理由婉拒。1929 年，践北平大学农学院之约前往任教，任农学院教授兼林学系主任、国民经济计划委员会专门委员，兼教务行政工作。同年夏，中华农学会派父亲出席日本农学大会，考察日本林业与林政现况。从日本考察归来后他认为："中国大学的农林（系）教师多由国外回来，于本国农林实际情况向皆默然，若不从研究入手，谋彻底解决，似难与国际争雄而谋国家经济之发展"，此时的他特别希望能够从事科学研究工作。

1930 年秋至 1943 年春，父亲在陈嵘先生的感召下，就任南京金陵大学农学院教授兼林学系主任。如他所愿，除担任部分教学工作外，大部分时间用来开展科学研究。教学中他力主严格训练，加强实际工作，鼓励学生毕业后不畏艰苦从事林业，但由于当时"管理制度不确定，学生立志不坚，故林业人才从事于林业者寥寥无几"。由于缺少经费，实验基地也严重不足，当时江苏省政府只划拨青龙山林场约 4000 余亩荒废已久的林地作为实验用地。即使如此，父亲也倍感欣慰，率助教、工人各一人，清理林地，栽种树木，通过 3 人的辛勤劳动，仅用半年的时间，就让实验基础条件初具规模。他说："若全国森林悉能从经济管理入手何患林业之不能振兴也。"

为了更好地开展科研工作，约在 1935 年，父亲个人出资先后在南京太平门外藤子村和东善桥买地两块，准备作为培植树苗的教育林地，后因日军入侵而终止。所种树木日军入侵时全被烧毁。滕子村 30 多亩，至今仍为苗圃。东善桥约 100 亩，为当今南京主要试验林场之一。

1937 年，抗战爆发，举家逃难，从此开始动荡不安、颠沛流离的生活，父亲的职业生涯受到很大影响。金陵大学内迁西南，父亲率林学系学生和设备艰难辗转入成都，1938 年全家抵重庆。1941 年安家成都。成都是平原，警报响起时连逃跑、躲避之地都没，真是苦不堪言。因战事不断，人心惶惶，很多人无心做事，由于工作繁忙，战时物资缺乏，营养不良，父亲每天早上只能就点咸菜吃一碗泡饭。有一天上午给学生上最后一堂课时，虚脱晕倒在课堂上。这样艰难的环境下，父亲仍然坚持开展教学和研究工作。

1940年，国民政府新设农林部，聘父亲为国民经济计划委员会专门委员，负责林业设计事宜，并兼任川康农工学院教授、农垦系主任，西康省政府森林顾问，国民教育部中等农校教员等。父亲作为主编完成了《林学字典》《森林利用》《林学大全》等著作。中国科学院学部委员、中国林业科学研究院副院长吴中伦，以及南京林产化学研究所研究员景雷等许多专家学者都是1940年前后父亲在金陵大学任教时的学生。

由于表现突出，1931年，年仅29岁的父亲曾被收录"农界人名录"。

## ● 为建设国家，发挥木材战略物资的作用

当抗战烽火燃遍中华大地时，作为科学家如何拯救祖国于危难之中，父亲左思右想。他十分重视发挥林业资源在国家建设中的作用，认为森林是重要的战略物资，在《川康森林与抗战建国》中特别指出：木材可用于武器制造，包括飞机、枪托、火药等；可用于国防交通，包括枕木、船舰、电杆支柱、木炭车辆等。要巩固西南经济，必须建立造纸工业、制材工业、木材干燥。必须积极经营，使森林成为国家财源。并提出了三项重要工作：① 对四川森林调查研究；② 对森林实施经营管理；③ 促进公有林和私有林发展。

抗战时期，军用木材供给十分紧迫。父亲花了一年时间率领调查队员对浙、赣、湘、陕、甘等地进行实地调查，提供了关于西部森林资源大量有价值的资料。因为核桃木硬度高，可供军需之用，因此提出在西北农学院扩建大规模核桃林场等计划。同时，对林业发展和森林利用提出了很多建设性意见，发表了《四川森林问题之重要及其发展》《推进四川桐油生产方案之拟议》《列强林业经营之成功与我国林政方案之拟议》等。开设了"木材工艺讲座"，发表了《木材利用之范畴与进展》《人造板工业》《胶合板工业》等文章。从这些研究工作和文章可以看出，父亲当时对发展中国林业的思考已经不只限于林业教育，还涉及林政、森林经营、森林利用、木材性质的研究及建设木材工业方面的问题。

1943年，国民政府农林部部长视察四川大学路过成都，参观金陵大学农学院时向学校要求，借调父亲去重庆协助中央林业实验所所长韩安推进研究工作，并任命父亲为中央林业实验所副所长、农林部林产利用组主任。

抗战时期，父亲完成了"中国木材的硬度试验"，测试树种180种，按硬度

大小分为 5 个等级。发表了《中国木材之硬度研究》。与中央大学陆志鸿合作开展的"中国中部木材之强度试验"，测试树种 74 种，包括针叶树材 9 种，阔叶材 65 种，两人合作编写由中央大学出版了《材料试验法》。在林业实验所工作期间，受铁道部委托对国内外枕木用材加以研究，发表《松杉轨枕之强度比较试验》《中国木材之胀缩试验》《世界木材之需给概观》《提倡国产木材的先决问题》《木材利用上之防腐问题》《竹材造纸原料之检讨》等文章。这些研究工作为木材在军事、国防交通等方面的应用提供了非常有力的科学数据。胡文亮先生 2016 年所著《梁希与中国近现代林业发展研究》一文可以佐证："梁希 20 世纪 40 年代曾经专门做过木材的物理性质和力学性质的试验，证明部分木材的抗压性强，同重量同大小的木材，比钢铁强固。朱惠方在 1934 年发表的《中国木材之硬度研究》中的介绍亦可作为辅证，杜仲、黄连木、椆榆、槲栎、山核桃、榉树、黄檀等为 Ⅳ 级，为硬材。石楠、枣树、黄杨等为 V 级，为最硬木材。最硬木材的硬度都在 5.01 以上……"父亲做的这些研究工作说明，那个时期，他们已经开始在材料学意义上对木材物理和力学性质进行研究。

在举国抗战的艰难环境中，作为科学工作者能从自己的专业出发，为抗战、为建设祖国尽自己最大的努力，值得我们后人学习。

## ● **为资源开发利用，踏青山林海**

无论是求学育人，还是开展科学研究，父亲均注重解决国家重大实际问题。在德国 6 年，注重林业经济问题，了解德国林业经营和林政管理以及森林利用情况。在维也纳垦殖大学研究院，觉得崇山峻岭的奥地利南部与我国西南地区地形相近，考察、学习治沙理水，提出中国森林建设刻不容缓。

1928 年考察东三省林业，1930 年，应时任兴安区屯垦公署督办邹作华之邀再度考察东三省森林，提出森林是东北最大之宝藏，将来建设祖国供应攸关，发表《东三省之森林概况》。

1937 年，到陕西考察核桃林。提出在西北扩建大规模核桃林场计划。

1938 年，率考察组深入大渡河上游汉源、越隽、泸定等县，以大渡河为中心，东起汉源之羊脑山，西迄泸定县之雨洒坪，更及临河南北之山脉，对地势、植物生态与环境、森林之变迁进行考察。1939 年发表《大渡河上游森林概况及其开发之刍议》《青衣江流域之森林》（朱惠方主编，吴中伦著）等著作。

1941 年，率队到川西和西康地区调查森林资源，包括藏区的烟袋乡、朵洛乡、八窝龙乡等地，发表《西康洪坝之森林》《成都市木材燃料之需给》，并向西康省政府提出积极管理西康地区林、牧、矿三大财富资源的建议，以供经济建设之参考，他认为"使全国森林资源悉登图籍，了如指掌，于经营管理尤为重要"。由此被聘为西康省森林顾问，编写的《西康省单行森林法规》顺利通过并执行。

当时国家落后，交通不便，无任何考察设施，无论是翻山越岭还是跋山涉水，几乎都是徒步进行。稍微幸运时，有毛驴帮着驮运简单行装、器材和干粮，大多时候是考察者本人肩挑背扛。如过金沙江时，人只有蜷缩在藤筐里靠绳索运过河，所谓索桥都是由破木材盖上稻草搭建而成，桥身下面是滔滔不绝翻滚的江水。考察途中，有时还会遇上土匪、瘟疫等。环境之恶劣、艰险可想而知。

为了开辟造纸可用原料，1978 年，年已 76 岁的父亲，还亲赴浙江、江西、广西三省（自治区）调查芦竹生长状况，撰写《纸浆原料——芦竹调查》，1978 年 12 月《光明日报》进行了刊登，1983 年被上海市职工业余中学高中语文课本收录。1979 年 1 月 2 日《浙江日报》还刊登了父亲的遗作《大力种植芦竹发展纸浆原料生产》，并附短评：《解决造纸原料的重要途径》。

## ● 为筹建森林院系，抛家舍己

1945 年，日本投降，抗战胜利。但家人并没因此而团聚，反而开始各奔东西。当时，国民政府从苏联红军手中接收东北广大地区，决定成立长春大学。长春大学筹办领导、时任校长原孙中山先生秘书黄如今，深感东北林区广袤，林业技术人才极其缺乏，决定成立长春大学农学院，因此向教育部提出请求，希望借调林业专业人员去东北筹办长春大学农学院。经梁希、陈嵘教授等林学界领军人物的推荐，调派本为中央林业实验所副所长的父亲去担此重任。父亲处于两难境地。一方面，长春催他前往，中央林业实验所未尽事宜需要处理。另一方面，母亲待产。虽然他心中不忍，仍然二话没说，先行回南京处理工作交接及重建林业实验所等事务。安排年幼的五哥陪即将临产行动不便的母亲（我即将诞生）待产，由大哥带其他三个哥哥搭乘实验所的船回南京，哥哥们乘的船是绑带在大船旁边的小船。江上水急浪高，滩多礁多，十分危险。临行时，母亲万分不舍，千叮万嘱，唯恐水路途中稍有不测伤及儿子们，因此给每人带了一个救生圈，一点干粮，就这样与四个儿子悲痛离别。因为父亲工作繁忙，后来又去了长春，无暇

顾及回到南京的四个孩子，只好由大伯将四个哥哥接到浦镇东门大街同仁裕纸店顺便照顾。

1947年，母亲带着襁褓中的我和五哥回到南京与四个哥哥会合。之后，大哥留南京就读高中，母亲带着其余儿女辗转到祖父母所在地生活。已在长春大学任职的父亲，创建了农学院，下设农艺、森林、畜牧、兽医以及农业经济等学科。1947年4月，与董一忱先生合著了至今都有重大影响力的《东北垦殖史》。

内战期间，时局动荡，1947年长春大学拟迁北平未果，被迫停课，院系分别并入他校，农学院并入沈阳农学院。之后父亲回到南京。

1948年2月，台湾地区领导魏道明、台湾林产管理局局长唐振绪邀请大陆五名专业人员前往考察，最后仅梁希和父亲同行，到台北对台湾林业和木材工业进行了为期5周的考察，之后提出《台湾林业考察之管见》，指出台湾林业存在的问题，内容包括台湾全省林业经营管理、造林护林、采伐利用各个方面以及解决问题的建议，受到当局高度重视。

1948年8月，回到大陆不久的父亲，又被梁希力荐、应邀前往台湾负责台湾大学农学院森林系的筹建工作，再次告别妻儿。哪知这一别竟达八年，且音信几无。

在台期间，父亲任台湾大学农学院森林系教授兼主任。教授"森林利用学""木材性质"和"木材利用"等课程，培养了四届毕业生，其研究工作主要偏重于森林资源利用、木材材性、制浆造纸等。任教期间，他仍不忘战略思考，向时任校长傅斯年提出效仿德、日等林业先进国家建立实验林的主张。1949年7月，在傅斯年和父亲的努力下，台湾大学实验林管理处在台湾南投县竹山镇成立，父亲兼任首届管理处主任。实验林管理处为台湾林业教育提供了实验场所，丰富了台湾林业内涵，为台湾林业的进步与发展作出了重要贡献。20世纪50年代后，实验林基地扩大成了森林公园，实验林管理处被更名为"台湾大学生物资源暨农学院实验林管理处"。

### ● 为"四化"献言献策，参政议政

父亲为九三学社社员。1963年列席中国人民政治协商会议三届三次全体会议。1964年当选为第四届全国政协委员。1978年当选为第五届全国政协常务委员。

父亲还是中国林学会的老会员。1927年，加入中华农学会。1929年，成为

中华林学会会员。1938 年，任中华林学会理事。1939 年，为金陵大学农学院推广委员会成员。1941 年 2 月，中华林学会在重庆的部分理事和会员集会，修改会章，改组机构，父亲为常务理事之一。

1957 年 7 月 22 日，中华人民共和国国务院批准科学规划委员会成立专业小组，父亲为成员之一。1960 年，为中国林学会第二届理事会理事。1957 年，任国家科委林业组组员。1962 年 12 月，任中国林学会副理事长、中国林学会第三届理事会森工委员会主任委员，《林业科学》北京地区编委。在同年中国林学会年会上，作为参与者，提出《对当前林业工作的几项建议》，包括：贯彻执行林业规章制度；加强森林保护工作；重点恢复和建设林业生产基地；停止毁林开垦和有计划停耕还林；建立林木种子生产基地及加强良种选育工作；节约使用木材充分利用采伐与加工剩余物，大力发展人造板和林产化学工业；加强林业科学研究，创造科学研究条件 7 条建议。1963 年 2 月，父亲和林业界 33 位专家、教授一道，将学术年会上提出的建议重新整理，呈报全国政协、林业部、国家科委，并报聂荣臻、谭震林副总理，父亲参与起草了"节约使用木材，充分利用森林采伐与木材加工剩余物，大力发展人造板和林产化学工业"的建议。

1978 年，提出了"开发芦竹作为造纸原料"的建议。建议"在浙江温州瓯江流域和绍兴、上虞等县的海塘，上海的川沙、南汇等海岸堤道以及广西邕江两岸宽一至二亩堤道上大力培植芦竹，可以形成几个大型纸浆原料生产基地。"该建议上报各级领导和有关部委，受到很大的关注。1979 年新华社北京 1 月 27 日电，题为"很多专家，学者为加速社会主义现代化建设献计献策"中这样报道："……林学家朱惠方去年曾带病去江苏、上海、浙江、广西等地实地考察野生芦竹资源和造纸工业情况，写出了以野生芦竹为原料制造纸浆的调查报告。现在，这位老科学家已经因病去世，但他提出的建议，有关单位正在研究采纳……"1980 年《新华日报》题为"为四化献计献策的科学家"对此事报道，摘要如下："还在一九七八年三月全国科学大会进行期间，著名的林业专家，中国林学会副理事长朱惠方先生，就把一份建议书郑重地捧交给全国政协副主席裴丽生。《发展芦竹作为纸浆原料的建议》，这真是雪里送炭啊！"裴丽生觉得，捧在他手上的不是薄薄的写满调查数据的一纸建议，而是发展造纸工业的一条新途径，是科学家奉献给人民的一颗火热的跳动的心。

### ● 为祖国林业科研，鞠躬尽瘁

新中国成立的隆隆礼炮声响，不仅震惊了全世界，更深深震撼了异域学子。他们满载希望，怀抱建设祖国理想，纷纷启程，掀起了1949—1956年的归国潮。在台的父亲，因思念家乡，怀念亲人，一心想回大陆，但当时两岸政策不允许，于是父亲决定绕道美国。1954年夏，在台湾独居了6年的父亲，应美国纽约州立大学林学院之邀请前往美国。1956年，欣然响应新中国海外学者（子）归国为社会主义事业服务的召唤。在新中国的资助和爱国人士的帮助下，克服重重困难，于同年10月31日到达广州。当时同船的有北京大学图书馆系邓衍琳，清华大学李著琼，等等。对其归来，新华社、《文汇报》、《人民日报》等均进行了详细报道。新华社报道称："在美国纽约州立大学担任森林学教授的我国森林学专家朱慧（惠，后同）方和留美学生共六人，在10月31日返抵广州，受到当地政府的热烈欢迎和接待……"

回国后，国务院安排父亲在中国林业科学研究院森林工业科学研究所（今木材工业研究所）木材性质研究室工作，任材性室主任。父亲离开大陆时，我只有两岁，再次见到时，我已经十岁了，父女见面彼此非常陌生，以至我张不开嘴叫一声"爸爸"，而是胆怯地躲在母亲身后瞧着那张一点也不熟悉的脸。这时，父亲前来抱起我，抚摸着我的头，什么也没说。我想，当时的他肯定是悲喜交集、百般滋味，不知从何说起。这是我第一次感觉父亲宽厚而温暖的怀抱。

后来，父亲担任了中国林科院木材所副所长、中国林学会副理事长等职务。获得了各方各面的大力支持。1957—1965年，生活安定，工作顺利。当时，父亲发现国内缺少林业方面的词典，为了满足大专院校师生及科研工作者的需要，他编订了《英汉林业词汇》，1959年11月由科学出版社出版。不久又进行了修订，增加新词8000条和拉丁学名索引，于1977年2月再版。之后，被翻译为日语，1980年《英中日林业用语集》由日本农林水产技术会议事务局出版。

同时，父亲非常重视木材学基础理论研究，出版了《中国经济木材的识别》（第一编·针叶树材）、《阔叶树材显微识别特征记载方案》《国产33种竹材制浆应用上纤维形态结构的研究》等专著及文章。

长期来，父亲坚持研究、讲求实效、探讨经济意义，尤其重视天然资源的利用，解决国家资源短缺问题。1962—1964年，曾与纺织科学研究院苏锡宝先生完成《马尾松作原料制造黏胶纤维的研究》。完成了中型制浆及小型纺丝试验，证明马尾松浆泊是良好的制造人造丝的原料。同时，对芦竹的有效利用也很重视。1963 年提出芦竹浆泊利用课题，科研成果《芦竹粘胶纤维的利用》发表，并成功应用于生产实践，分别与北京、天津造纸所合作，成功制成芦竹浆泊，并在浙江余姚人造丝厂试制成功人造丝产品，在上海华东纺织工学院试制成人造毛产品。

1965 年"文革"开始。1969 年，中国林科院集体下放广西邕江"五七"干校，年过花甲的父亲被安排打扫厕所。父亲做任何事情都非常尽职认真，即便扫厕所这样的事也从不马虎，里里外外扫得干干净净。为了给大家创造相对清洁的如厕环境、避免被蛇咬，他把厕所边的野草拔光，撒上石灰粉，受到大家的一致好评，并在大会上被作为认真改造的模范受到表扬。在干校时，他也不忘种树，从选种到栽种，仔仔细细，认认真真，据干校的人说这片小树林在他们撤离前已经长得很好。最为可贵的是，在如此艰苦的条件和环境下，父亲还能坚持读书，通读英文版《毛泽东选集》。

1971 年冬，广西"五七"干校撤销。按照中央指示，中国林科院林研所下放到河北省，木工所下放到江西。但父亲被安排去了辽宁兴城"五七"干校，依然是看厕所。1972 年，父亲为重新工作开始积极准备。申请自费回京整理散落的科研资料、照片及大量标本，以备恢复工作之用。整理的部分资料现存于中国林科院木材所标本室。在取得农林部支持的前提下，组织北京林学院、内蒙古林学院、浙江农业大学、上海木材工业公司研究设计室和中国林科院 11 位科研人员组成的编译小组，翻译联合国粮农组织和国际林业研究协会联合编写的《林业科技词典》，于 1978 年 2 月完成翻译、审校、定稿，1981 年 2 月由科学出版社出版。同时，还积极准备新的研究课题和研究方向，对木工所的发展和新研究室的建立进行了详细构想。

1976 年，"文革"结束，百废待兴，百业待举，父亲觉得机会来临，希望能只争朝夕地把失去的所有时光夺回来，开始全心地投入工作。当看到国家建设急需特种用材时，就提出杨木改性课题，牵头成立木材改性研究组，研究组由孙振鸢、史广兴、陈清樾、赵振威、腰希申等人组成。没有条件，就带领课题组从清理一个用作仓库的厂房开始，跑设备、找材料、因陋就简建立了实验室。人员不够，就与北京大学高分子化学系蒋硕健教授合作，和北大师生一起协作开展木材化学改性研究。除了开展实验室研究，还进行大量的应用试验，将塑合木用于制造枪托、木梭、特种工艺品等，并试制出了样品，受到好评。这项研究扩大了北

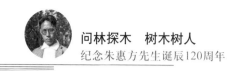

方主要树种——杨木的使用途径，为特种用材找到了新的途径。1978年《塑合木材的研究》获科学大会奖。

为了加快人才培养，父亲积极与德国洪堡基金会联系，为年轻人出国深造争取机会。为了解决木材资源短缺、造纸原料缺乏问题，提出利用滩涂生长的芦竹作为造纸原料的建议，并会同轻工部、造纸所相关人员冒着酷暑，到江苏、浙江、广西等地实地考察一个多月。

《新华日报》报道："在1978年科学大会闭幕后不久，朱惠方接受政府有关部门的委托，带着一名助手，冒着盛夏的酷暑，去浙江、广西、江苏、上海等地考察。76岁高龄的他下海滩、跨沟岸、涉塘堰、攀岭岗，和当地领导同志一起讨论，制定发展芦竹的规划；一起研商种植、管理、收购、运输等具体问题。45天，没有休息一天，行程上万里。但一百万吨，不再是纸面上的数据，而已成为若干大面积芦竹生产基地的实实在在的具体规划。现在，朱惠方参与规划的芦竹生产基地正在建设中，在浙江省安吉、遂昌、临安等地，郁郁葱葱的芦竹，繁茂地生长着，像林带一样扩展着。"

1978年，一向神采奕奕的父亲开始消瘦，面容憔悴。9月的一天晚上，在他接待了洪堡基金会的德国友人，商议派研究人员出国事宜，并接待完台湾客人回到家里，发现便血。第二天早上，再次便血，他便拎着布袋，独自一人坐公交车去了北京医院。木改组的同事知道后，立即赶到医院，在得知北京医院没有床位的情况下，陪着去了北医三院。被北医三院立即收治，医生认为父亲得的是肠癌。父母虽有6个儿女，但一个也不在北京，都远在江苏、黑龙江、甘肃等地工作。单位知道情况后，立即给远在甘肃工作的我发电报，告知"父病重，速返京"。回京后得知，父亲肠镜检查结果就是直肠癌，癌变部位已成菜花状，必须立即手术。当时我懵了，第一次感受到什么是天塌地陷，头脑昏昏地走出医院，分别给五个哥哥发了电报。

当年，医疗条件和技术还都有限。父亲手术后，开始两天情况很好，同事们来看他，他还念念不忘交代工作上的事情，和同事们谈进一步发展之设想。但到第三天，出现排尿障碍，感到难受，开始急躁，到晚上联系主刀大夫，确定为并发尿毒症，需要再做手术，手术进行到凌晨四点，未能回天。

1978年9月17日，父亲永远地离开了我们。临走前，除了与领导、同事谈到工作外，希望我今后能在专业技术上进一步进修并有所发展，还嘱咐我要学习英语，因为科技文献英语比俄语多（我上大学学的是俄语）。对儿女，父亲一直希望我们好好学习，好好做人，做有用的人。

对于父亲的去世，1978年10月6日，《人民日报》第四版进行了详细报道，邓小平、乌兰夫、方毅、陈永贵、谭震林、许德珩、童第周、周培源、裴丽生、茅以升、齐燕铭等领导、知名人士及生前好友送了花圈。陈永贵、童第周、裴丽生、李霄路、孙承佩、张克侠、郑万钧、陶东岱及生前好友和中国林科院职工共三百多人参加了追悼会。追悼会由农林部副部长、国家林业总局局长罗玉川主持，国家林业总局副局长、中国林业科学研究院党组书记梁昌武致悼词。对他的一生给予了很高的评价："对祖国对人民怀有深厚感情的专家""是我国林业科学，教育界的老前辈""在木材解剖，纤维形态方面有较高的造诣""十分重视木材学的理论基础研究""对青年人的学习总是循循善诱，诲人不倦""对林业人才的培养做出了积极的贡献""生命不息，战斗不止"。

《中国科学技术专家传略·农学编·林业卷Ⅰ》《中国木材解剖学家初报》《中国农业百科全书森林工业卷》《中国农业大学百年校庆丛书——百年人物》等，对父亲一生均给予了充分肯定。

父亲在我们的心里是一座精神的丰碑！虽然，他与我们在一起的时间不多，因为事业，很少管教照顾过我们，几乎没听到过他对我们的大段说教和大声呵斥，但他的音容笑貌，他谦和可亲的言谈举止，他的以身作则，他对国家的热爱、对事业的执着，激励着我们不畏艰难，努力前行。如今，我们六个儿女都已分别退（离）休，大哥在新中国成立前就参加革命，现已离休。二哥、三哥、四哥参加抗美援朝，保家卫国。之后，二哥留在部队当教员，三哥、四哥、五哥和我都考上大学，在各自岗位上发光发热，现在都已安享晚年。我们的儿女们也都已长大成人，受到良好的教育，幸福地生活着。

今天的国家，在不断地进步，已从站起来、富起来，到强起来了。祖国林业也得到了很大发展，人才辈出。森林面积由1978年1.34亿公顷，森林覆盖率13.9%，发展到现在的森林覆盖率22.96%（2019年）。父亲曾经千辛万苦、跋山涉水进行森林考察，希望能将全国森林资源"悉登图籍"，现在已凭借遥感等高科技实现。1978年，我国的人造板工业，刨花板、纤维板、贴面板等都处于起步阶段，而现在已经是遍地开花，拥有了先进技术和优良产品。看到今天森林和木材工业的进步，我的父亲会含笑九泉了吧。

**问林探木　树木树人**
纪念朱惠方先生诞辰120周年

● **素材来源**

　　1. 朱惠方自传。

　　2. 家人，主要有朱昌延、朱昌颐的回忆。

　　3. 王希群教授级高工编《中国林业事业的先驱和开拓者》"朱惠方年谱"

　　4. 闫昊鹏同事提供的资料。

● **致谢**

　　1. 南京师范大学附属中学高级教师，南京鲁迅纪念馆首任馆长徐昭武先生。

　　2. 中国林业科学研究院研究生部党委书记王建兰高级工程师。

　　感谢他们对本文的指导和修改意见。

作者简介：朱家琪（1945—），中国林业科学研究院木材工业研究所研究员，朱惠方之女。

# 朱惠方先生著作选录

注：以上著作内容均为影印原图。

2　　　　　　　農　林　新　報　　　　第十七年

# 改進大學林業教育意見書

## 朱　惠　芳

凡一國生產教育之方針，必須致慮其現在與將來之趨勢，以樹立堅強之教育基礎，養成健全人才，始可助長國家經濟之發展也，夫我國辦理林業教育，已有三十餘年之歷史，而此三十餘年中，林學之進步如何，林業之發展又如何，潛心檢討，一若他種生產教育，悉未能踏入合於生產教育方針之境域，覓其原因，固不止一端，而林業教育之方針，未能預為確定，尤為癥結所在，茲按國內大學林業教育情況，亟須加以改進者，歸納為以下三點。

一，教學　林學為應用學科，教學方針，當側重於養成森林管理人才為首要，（而其教學之基本學術，宜含有自然學科經濟學科與工程學科三項，是為林學之完備教育，）然環視國內各大學林學系課程配置，殊欠適當，更以教授人才不足，設備簡陋，關於林業之專門學術，深覺未能適應，發展林業之要求，欲使畢業學生，出而負管理林業之重責，烏能勝任。

二，林業教育實際化　林學既為應用學科，當與林業取密切之連絡，始合乎教做合一之要旨，查列強各國，每一林校，約具備大面積之森林，以供演習之用，今試以德國為例，普魯士林科大學，即負有教做合一之使命，管理森林區域，達三十餘萬畝之廣，大學教授，為授課之教師，同時亦為森林技師，所取之教材，多為由管理上所得之研究與經驗，次如法國朗西，為國土安寧問題，設立浩水森林大學，管理森林面積，亦達十餘萬畝，林學與林業，并為齊進，此即國家為森林而設立林教之原旨也，返顧我國，林學自林學，林業自林業，兩者竟無聯絡，林學家徒以空洞理論自炫，學生亦欠實地觀察之機會，學力不足，此即教做不能合一之病原，且中國國士，全國面積，總計一百零三萬一千一百四十餘萬畝，而有林與宜林之山巔，約當國士百分之三十以上，如是廣大面積宜林之區域，縱置國士安寧於不顧，而每年林產亦達一萬萬元以上之輸入，此非中國森林問題而何，然欲解決此問題，首宜使林學與林業合一為依歸。

三，林業職業化與林業軍事化　人盡其才為國家人才經濟的利用之要政，森林既經管理，則生產有道，林科畢業學生，就職問題，亦因而解決，邇諸美國於一九三三年，曾組織三C隊（Civilian Conservation Corps）用以解決失業問題，兼而改良林業，其收容人數，竟達三十餘萬之譜，我國西南諸省，山林豐富，悉未經管理，其足容失業人數，何啻百萬，然為救濟失業，增加林業生產，使發揮充分之效力，尤宜施行森林職業軍事化，我國自抗戰以來，雖已施行兵役制度，唯其推行之範圍，與他國相較，仍有遜色，且此種兵役制，非獨行之於抗戰期內，即將來抗戰勝利之後，為國防大計，猶宜繼續推行之，且森林業務之組織，尤適合於軍事化，此在意大利於十年前，已實行此制，組設森林國民軍，將校之大半，悉由Florence高等農林學校之教職員與學生充任，此乃寓兵於林之意，經十年來之推行，頗有顯著之成績，查我國人民，向乏組織能力，體魄

第七八九期　　　　　　　農　林　新　報　　　　　　　3

亦復懦弱，正宜藉森林養成軍國民之精神，增強抗戰力量，并可收學以致用，達到增進生產之宏效，

　　茲就以上三點，擬具改進辦法如次：

一，關於教學方面　應由教育部召集全國林學專家，討論適合國情之林學課程標準，公佈實施。

二，關於林業教育實際化方面

　　1，撥給國有（或省有）天然林爲各大學林學系演習林場，至少以十萬畝爲率。

　　2，全國林業機關，如中央林業場所及各省林務局林業試驗場或林場等，應與所在地之最高林業教育機關（如大學林學系或專科學校林科）切實聯結、計劃辦理，以免林業與林學有各不相謀之弊，其聯絡辦法，應由雙方主管部或由部授權各該機關，會同擬訂，以期達到教建合作之目的。

三，關於林業職業化軍事化方面

　　爲使林業達到職業化軍事化起見，應組設「林業職業軍事管理委員會」，該會包含林業教育森林行政森林管理與軍事訓練等，由軍政教育經濟三部，共同組織辦理之。

　　當前高等林業教育，雖已具雛形，而其精神內容，猶待革命，深盼教育當局，早爲改進計劃，俾林業前途，發揚光大，而達到林產之增進與發揮國土，保安效能之目的也。

# 提倡國產木材的先決問題

本校森林系　朱會芳

緒言　木材在工藝上是一種極重要的材料，亦是自古以來人類生活上所不可缺少的東西。雖然今日世界各國，鋼鐵事業，一天一天的發達，而木材的消耗，非但不減少，反因為化學工業的進步，木材的需要更大。試看英國過去五十年間，木材的消耗約達二倍以上。美國從一八六〇年以來，木材的消費，每隔十年，要增加百分之二十到百分之二五。至於中國呢，化學工業雖沒有發達，木材的消費，當然沒有別國多；但是近幾年來，因為人口增加，燃料的需要，房屋的建築，和交通的開發，所以木材消費的數量，亦逐漸增高了。其中由外國輸入的木材，根據海關報告：民國元年僅二百五十餘萬關兩，民國十年增加到五百十餘萬關兩；民國二十二年，已增加到一千餘萬關兩。若以民國元年和二十二年相比，已增加到百分之五八。從這數字看起來，中國對於木材一項，每年巨額的漏巵；將來教育普及和工藝發達的時候，這木材的消耗，一定比現在更大。就是將來每年的漏巵；一定比現在更多，於國家經濟的損失很大。所以最近一二年來，一般人都覺得外國木材過量的輸入，非提倡國產木材；不足以抵制。但是要提倡國產木材，必須使人人愛用國產木材；那麼提倡的效果，才能夠實現。所以在提倡國產木材之前，應該要先解決幾個問題。

## 第一　國產木材的調查和統計

要提倡國產木材，必須木材能夠以極便宜價值，供給於社會；才能夠要知道國產木材蓄積的數量。每年本國所產的木材，是否能滿足本國的需要，要拿精確的數字表示出來，像這種工作，在世界各國、都早已實行過了。但是在人口衆多的中國，生活上必須的木材，除了東三省森林，經日人調查以外；其餘各省，至今還沒有一種統計。

## 第二　現有森林的整理

我國在北半球，本是富於暖帶林木和落葉闊葉樹種的國家。但是今日中國，全國可以稱為森林的地方很少，只有從北回歸綫到東三省覺界，和由太平洋海岸到內地高山地方，還有原生林存在；而其餘大部分森林，幾千年以來，因為農田的擴展，人民的濫伐，已呈荒發的現象了。

現在中國的荒山，尤其是中國北部的山岳，要那森林破覆，非常困難。因為母樹缺乏，同時雨量很少，土地過乾燥，種子不容易發芽。從前德國人在青島造林，比南方困難；所以北方的造林，用強制的才段，亦比南方多。至於中國南部，因為雨量多，還處處有森林存在。此外蒙古地方，在從前西伯尼亞海未退出時，大半土地有森林存在。現在蒙古，除了一部為草原，一部為不毛的沙漠地，而森林的存在極少。東

現在中國的森林，概括來講：在北方有東三省的大森林。東三省的長白山系，與興安嶺，和伊勒呼里三大山派，森林豐富。已知面積，約有五萬萬四千二百餘萬畝。在南方從福建而江西，湖南，貴州，還有浙江和安徽連亘的山脈，森林亦繁茂。其他雲南四川，林木蓄積雖多，但目前交通不便，還不能利用。

農林新報　第十二年第二期

提倡國產木材的先決問題

以上所講的森林地方，政府除直接監督和管理，並且要間接的獎勵保護，使現有森林，能夠增加生產；使每年的消費，不得以超過每年的生產。如是，森林就可以生生不息，而材木亦可以源源供給。

## 第三　國產木材性質的研究

我國的國土，從寒帶到熱帶，有種種的氣候，所以木材的種類很多。現在已經認爲有用的樹材，不下一千餘種。今日黄河流域和長江一帶，雖然很少廣大面積的森林，但是我國的東北西南及中部森林的蘊藏，仍是豐富。這許多種類不同的樹木，當然他的性質，亦不一樣。所以各種木材，必定要適應他的性質，然後供給到種種用途。這種種用途不同所要的性質，就是木材工藝的性質。不但對於經濟和工藝美術有關係，就是對於林業的前途，亦有關係。

木材性質的研究，大概分爲三個部分：

一、是種類識別。對於種類的識別，或根據木材外觀的性質，或根據木材化學的性質，或更用解剖的方法，由各種木材組織的狀態，而鑑別木材的種類。尤以木材解剖的方法，在識別上更重要。

二、是力學的性質。木材的強弱與木材的實用上有重大關係，各種木材的構造不同，所以對於各種外力的抵抗亦不同。木材的應力，有抗彎，抗剪，抗拉，硬度，和木材釘着力等等。我們應當按照他的某種強度，供獻於某種用途。

三、是化學的試驗。我們要增加木材耐久的性質，必須施用防腐的方法。但各種木材構造不同，所用的防腐方法亦不同。

近來化學工藝的發達，木材的用途，不但是建築和器具，而且可以爲化學工業的原料。就是從化學的試驗，可以增進國產木材的用途。據實業部統計，去年輸入洋紙價值，計八千三百餘萬兩。由此可知木材化學試驗的重要。

以上三種的研究，爲木材應用上很重要的工作。適應木材的性質，以求適當的用途，那麼各種木材，各能盡其所長，這就是經濟的利用。

## 第四　國產木材的加工處理

我國自古以來，使用木材，都僅注重在材種的選擇；而對於加工處理，毫不注意。所以木材使用之後，往往發生裂縫，彎曲，和反展，種種不良的現象。外國木材，大都經過種種處理，這不但會高木材的耐久性，抖且可以增加木材的強度。關於木材的處理方法。

一、是減少他的水分。就是木材乾燥的方法。一般闊葉樹材，此針葉樹材的伸縮性比例大，因是木材的乾燥重要。木材經過乾燥，有許多利益：

1　木材乾燥後，重量要減輕。普通木材乾燥後重量，比生材重量要減少二成到四成。不但處理方便，且運費減低。

2　乾燥後的木材，不容易遭虫菌的蝕害，得增加木材的耐久性。

3　減少木材的水分，就可以增加木材的強度。

4　乾燥後的木材，不容易反張，或生其他變形。

關於木材乾燥方法，大概分爲天然乾燥法，和人工乾燥法。天然乾燥法，就是木材堆集在乾燥場所，經過一定期間，蒸發材

木材使用之後，住往發生裂縫，彎曲，和反展，種種不良的現象。凡是受虫菌的危害，列如我國南方的木材，常遭白蟻的蝕害。

四二

中所含的水分。此法簡單容易，且所要的費用少，大都木材多使用這個方法。人工乾燥法，就是把木材放在屋內加熱，或通過乾燥蒸氣。從前多用炭火加熱，現在通行的是用蒸氣或電氣，使他乾燥。這個方法特點很多：

1 乾燥期間短，無需廣大積材場所。

2 可以調節木材乾燥的程度。

3 在乾燥期間溫度和濕氣，隨木材的種類得適當為調節。不像天無然燥容易發生裂割或變色。

4 短期乾燥後，就可以使用，無須多量的流動資本。

總之人工乾燥，因為室內溫度和濕氣，空氣循環的速度和時間，得適當調節，所以比天然乾燥的結果好。

二、是防腐。近來工業發達，木材消費很大，我們務必減少他的消費量，延長他的保存年限。歐美和日本，都極力研究，所以木材防腐工業，在木材工業中占一重要的位置。美國這種工廠，有一百五十幾個，每年所處理的木材有兩千餘萬担。德國有九十個大工廠，英國亦有八十個工廠。世界上有四百五十幾個工廠。可惜中國這樣工廠，還沒有一個，每年枕木電桿輸入有幾百萬。但是從未經過防腐，所以我國枕木保存的年限，在乾燥地方花旗松僅六七年，杉只六年，落葉松四五年，落葉松九年，栗七年。在濕的地方，杉七年，花旗松四年，栗六年。德國防腐的松材枕木，至少可以保持十五年。從這點看起來，我國木材未經加工處理，所受的損失，有這樣大。我們希望木材商，關於建築土木，鐵道，電柱，礦山，船舶用材，注意防腐的工作。

## 第五國產木材的標準規格

我國木材販賣的方法，各地不一。同種木材造材的方法，和製材種類，亦沒有一定的規格。計算材積的尺度，南北亦各不相同。一般使用木材的人，因為這個緣故，都喜歡使用外材。因為外國木材是適合各種用途，造成適當的形狀，材的長短，大小，既有等級，那麼木△的價格，就能嚴密規定。這一點希望我國材商要趕緊做到，要聯合全國木材商和專門家，共同議定一種標準規格：對於木材種類稱呼標準尺寸，木材的缺點，等級的該定，以及★積計算方法，要有一定標準規格。然後工業家亦可按照這種標準製材，使木材全部，都可以利用，幷給使用木材的人，一種莫大的便利。

## 第六外材的檢驗

輸入我國的木材，以日本，美洲，和菲律賓為最多。其次為俄國，澳洲，遏邏，和印度等。美國輸入的木材，尤以松材為多，俗稱花旗公，幾戌為中國今日重要的建築材。日本輸入的木材，大部為櫟樹，楊類，樺木等。至於菲律賓輸入的木材，以柳桉居多，為通常家具和裝飾用材，他如印度，馬來輸入的木材，為柚木，桃花心木，紫檀，花梨木，紅木等，從外國輸入到中國來，然為量不多。但是這種種木材，從未加以檢驗，是否合一定標準規格，公平價格，亦未加以注意。真偽莫辨，任他自由販賣，使我國無形中，受更大的損害。所以我國海關和商品檢驗局，對於外材必須要他繳納樣品，幷註明名稱，產地，數量和價格，以供專家檢驗，合格後才可以讓他自由販賣。

## 第七國產木材的貿易和運輸

木材貿易的盛衰，和運輸有密切的關係。我國木材生產雖不少，但是不能源源供給到市

## 提倡國產木材的先決問題

場。運輸困難，就是一個大原因。因為運輸困難，運費就要增高，材料就要昂貴；加之木材品質不良，當然不能與外材競爭。我國木材輸出主要市場：北方為大東溝，哈爾濱；南方為福州，次之為杭州，蕪湖，九江，漢口，重慶。至於上海，天津，廣州，廈門，這些大商埠，雖有木材輸出到各處，而這木材仍由供給地方輸入，不過再從這個地方輸出而已。其中天津，上海，大連，為木材輸出入最大的市場。我國貴州；四川，雲南，因運輸困難，良好木材不能運出；即由東三省，福建，江西，湖南等省，運出之材，往往因材價高，材質又不改良，遂使各地國產木材貿易停滯。然欲求木材貿易進步，材商和森林家應力謀運輸的便利。

第八木材關稅　大凡經營林業的目的，除了保安林以外，未有不注意經濟的行為。要使林業經營，合乎經濟的行為；求林業的發達，必須使國產木材貿易的進步，限制外材的輸入。關於這一個問題，我們很盼望政府依關稅自主的精神，提高外材輸入稅率。世界各國，對於外材輸入，莫不徵收高率關稅。在我國目下情形，更應該要提高稅率。這是什麼緣故呢。

1 因為本國材價太低，將來林業更要荒廢。

2 我國木材僅就東三省材積而論，約有二百七十億石。若能合理經營，已夠本國的需要。

3 將來交通發達，投資於森林生產事業的必多。

4 目前中國輸入外材，并非為工藝原料而消費，

5 材價增高，林業發達，可以保護國民的勞動，減少失業的厄運。

6 保護本國木材貿易，可以繁榮市面。

本年內各地材商木材公會，紛紛呈請政府當局，運用保護政策，維持國產木材的市場，足證本國木材貿易，已達到危急關頭。現在我國厘金局，雖已撤廢；但各地還有徵收特別稅的，希望政府免除，使本國木材能夠便宜的供給於社會。那時外國輸入的木材，雖不能完全拒絕，而還可以關稅限制他。

結論　以上所講的八項，是提倡木材所急需解決的問題。但是這些工作，決非一個人或一部份人的力量，可以做得到的；尤其在中國經濟窮困的時候，更不能專靠政府單獨來做，必須政府和材商以及實際經營林業的人聯合起來，分工合作，那就輕而易舉，容易做到了。例如木材林積調查和統計，以及現有森林的整理，這是要政府林業主管機關和經營森林者合力來做。關於木材性質的研究，和外材檢驗，這種工作，可以委託專家來擔負。例如金陵大學和中央大學現已着手此項研究，如果各方加以輔助，這工作的進行，就可發展了。至於木材的標準規格，以及貿易和運輸，這要各方聯合來做的。不過實際上做這些工作，要有效能，還要政府實業官廳，加以統制，庶幾才有系統的。諸位要知道，木材的需要，在今日無法可以避免的中國，材商和林業境遇，又是如此危困。非提倡國產木材，不足以救濟。要提倡國產木材的效力實現，決非空言所能成功的，還要希望大家努力實際工作！

四四

# 復員時木材供應計劃之擬議

## 朱惠方

### 一、總論：

自日寇發動侵略以來，我國南北各省，舉凡建築，橋樑，枕木以及通信電桿等，直接受炮火之權毀，間接被敵拆作燃料，損失之重，無可言喻，現抗戰勝利，一切急待復員，而交通之恢復，與居室之重建，尤爲急務，是則木材供應之籌劃，實爲當前迫切之要舉，兹將木材供應計劃之進行要旨，分述如下列五項；

（一）就國內主要木材產區，施行合理採伐，以應復員時之需要。

（二）沿海各省受戰爭損失特重，國內木材，一時供應不及，勢須適量輸入外材。

（三）爲求木材經濟利用，以增產量，必須實施鋸材。

（四）爲應復員時急切需要，應就沿海之木工廠，加強木材鋸製工作。

（五）爲通籌供應起見，應設置木材供應委員會，以專職守。

### 二、復員期內木材之供應辦法：

吾國森林，分佈不均，欲求復員期間供應裕如，除由國內合理採伐供應外，勢不得不仰求外材之輸入。因是木材供應辦法，須分爲國內供應與國外供應二部。

（一）國內供應之部；

國內木材產區，可爲復員期間木材供應之資源者，概列爲三，（1）爲東北林區，（2）爲西南林區（3）爲東南林區。兹將各區材種，蓄積數量，以及供應區域等，列舉於后：

（1）東北林區；　　位於吾國東北邊陲，氣候大部屬於塞帶區域，其主要樹種針叶樹中海松分佈最廣，遍佈東及西北二部，形成巨大幹材，高達百呎以上，次爲落葉松

2　　　　　　農　林　新　報　　　第　十　七　年

# 川康森林與抗戰建國

## 朱　惠　方

諸位：森林在經濟建設中，占極重要的成分，對於人類生存，不但衣食住行，即間接的保護國土安寧，防止水旱災害，亦惟森林是賴，森林之興廢，不但與民生休戚有關，尤且影響於國家治亂，所以列強爲民族存亡，謀社會安寧，求經濟發展，無不有一定面積森林，對於林政之推動，亦莫不認爲一重要的國家行政，值此植樹宣傳之週，復處經前抗戰建國之期，特提出這個問題，一煩諸位清聽。

現在將這個題目，分作三項來講，一是川康森林現况，二是川康森林於抗戰建國上之重要，三如何發揮川康森林的效能。

第一川康森林現狀　　現在我們中國的森林，根據分布的情况，大概可分爲兩大集團，一是東三省森林，一是西南森林，東三省森林面積，有五萬萬四千二百餘萬畝，尤以吉林黑龍江蒙藏最爲豐富，通常有樹海之稱，除了東三省，就是西南森林包括川康滇黔等省，其他青海甘肅寧夏或湖南福建，亦有相當面積森林，但以上幾個區域，一加比較，則最大森林面積，當首推東三省，他的面積，還超過德國森林面積，確是一個很大森林區域，次於東三省，就要算川康的森林，無論雲南貴州，都不及川康的森林，川康森林，本來是著名的原生林，面積廣大，樹種繁多，這是在世界上早已聞名，而且靠近森林，還有天然的河川，可以利用他來幫助運輸，這是我們值得注意。

川康原生林的分佈，可以分爲四個大區域，一是岷江流域，二是大渡河流域，三是青衣江流域，四是金沙江流域，岷江流域，包含松潘理番茂縣汶川懋功各縣，其中以茂縣理番汶川的森林，比較寬廣，理番雜谷腦大林區，現正大量採伐，成都一帶，所用木材，都是靠那區域供應，大渡河流域，包括峨邊越嶲漢源九龍各縣，這個區域面積旣大，針闊樹木，都是很有價值，如九龍其塢的森林，林相優良，這在川康森林中，不可多得的一塊森林，就是峨邊沙坪，亦有很珍貴針闊葉樹材，目前中國木業公司亦正在那裏開始伐採，青衣江流域森林，包括天全寶興與榮經各縣，其中天全寶興的森林，比較豐富，運輸亦便，至於金沙江流域的森林，包括鹽邊鹽源一帶的天然森林，這裏從前爲夷人封鎖的地方，範圍很廣，人口稀少，向未經過採伐，以上這四大區域之外，還有不少的森林地段。例如嘉陵江上游，黔江上游，長江一帶，都有片段的小面積散在，每年嘉陵江沿岸，如重慶合川所要的木材，都是從這個地方供給。

以上幾個森林區域，森林分布的狀態，和東三省森林相比，迥然不同，東三省與川康耳相，因緯度之變遷不大，所以水平森林帶，雖有寒暖樹種不同，而林相的變遷，還沒有顯著表現，但是川康的垂直森林，試由低登高，林相就隨海拔面變遷，變度極大，所以樹木的種類繁多遠過東三省森林。

這一個區域，山嶽重疊，雨量充足，樹木種類之多，這是當然的事情，川康植物，算爲世界溫帶植物第一，早爲中外人士所注意，最初法國天主敎 Douid 和 Delavy 都到過這些地方，採集植物，以後英國 Augustine Henvy 亦來過四川調查，更後 E. H. Wilson 受了英國園藝公司和美國哈佛大學的委托，採集野生花木果樹，來往川康雲南湖北計十有一年，採到六萬五千號，種子一千五百種，皆在英國試種成功，最後與國 Schneider 美國 Fovest 英國 Rock 他們都來過西南採集，拜且因此而成爲有名學者，從此世界上亦知道世界植物豐富區域，還在中國，尤且那杜鵑是西南特徵植物，更可知川康森林與植物分類學，尤爲重要。

川康森林，因地理關係，多與喜馬那亞種類相同，然亦與印度種類有關。譬如雅楠 Phoebe 全世界三十種，而完全分布於中國西南及印度馬來，又如楨楠（machilus）全世界不過二十種，而川滇與印度各占一半，西南與印度，雖重山相隔。而植物分布則連貫，這是在第三紀，川滇與印度原爲一大平原，所以許多種類，有互相近似的地方。

川康森林，水平森林帶，鼷爲人權毀淨盡，殘存森林，不過形成片段，散在部落，現重要森林，概屬垂直森林帶，而垂直森林帶，又多失其連絡，林相退化，可以斷言。

川康垂直森林帶分布情形依海拔高得分爲四級，（a）在七〇〇米以下，茨棘雅楠楨楠樸木黃葛柏木白臘 b）七〇〇——一八〇〇米，以常綠闊葉樹爲主，如絲栗香櫧，尤以樟科植物占全數之半，樟科植物，在一〇〇〇m以下，生育極盛，如楨楠黑楠，常爲大樹，所謂楠木，卽是這幾屬　有數十種之多，川康植物之富，以樟科植物爲首屈一指（c），一八〇〇——三〇〇〇米爲落葉闊葉樹帶，雨量較少，冬溫亦低「杉木柏木已不能生長，普遍樹木爲梨屬槭多青，還有溲疏繡球忍冬四喜杜丹十大功勞，構成一特種植物部落，每屬有十種到數百種之多，杜鵑亦聚生此帶，（d）三〇〇〇——四〇〇〇米，森林始純由針葉樹類構成，主要如落葉松鐵杉雲杉冷杉，而雲杉一屬。卽有十六種，冷杉有五種，可爲川康森林寶庫，至本帶以上，已達樹木限界，不見楠木產生，而這限界常因雨量的多寡，而有高低之差，過了這限界以上，卽爲草木帶，（五〇〇〇米）或積雪帶，如西康的大雪山，爲五〇〇〇米以上的高嶺，以上所講的分布情形，川康森林，七〇〇m以下到四〇〇〇m以上，都是林木生長的範圍，亦可以說，硬材軟材，皆可以這個範圍供給，總之川康森林現象，橫的分布不及縱的分布，就是水平森林帶，還不及垂直森林帶，而垂直森林帶，蓄積與材質，以國民經濟建設之條件而論，還不失爲一有力資源。

第二川康森林於抗戰建國上之重要　當前抗戰建國，森林究竟有何種貢獻，請申述其故，關於這一項，可分兩點來說明，一因森林存在所產生的效果，二爲森林自身直接的貢獻。

第一點因森林存在所產生的效果　大凡一個國家，要想免除水旱災患，或其他天災，那麼森林面積，必須達全國面積三〇％。尤且是大陸的國家最感需要，今日大陸的國家，森林占全國面積，俄爲三九％，美爲二九％，德爲二六％，然而川康森林，與之相較已不能相提並論，何況全中國呢？

4　　　　　　農　林　新　報　　　　　第　十　七　年

　　川康的總面積，爲八，七六三，三八〇，〇〇〇畝，宜林區域，應爲五〇以上，而事實上森林所占區域還不足二〇，他如英國荷蘭，森林面積，雖不足一〇％，而能避免水旱災殼，遺個原因，因爲他們是島嶼的國家，受海洋氣候的影響，然在大陸的國家，絕難倖免。

　　森林防止水旱的作用何在，歸納來講，不外是在涵養水源，就是因爲森林的存在，可以關節河川流水量，亦就是森林能夠促進降雨，降低土壤水分的蒸發，落葉鮮苔和腐植質，更能夠吸收水分，這些作用對於水源涵養，最爲重要。

　　防止水旱災患，固然要涵養水源，還要扞止土砂，防止山崩土瀉，保護農田，如果沒有森林，隨上流暴洪，土砂衝瀉，使下流河床，逐漸增高，當雨天連旦的時候，就洪水氾濫，甚至河道變遷，使山嶺變爲礫石，沃野成爲石田，諸位還記得去年的夏開，西康的龍巴舖，和溜沙河一帶，那些村鎮，竟因山洪暴發，一夜而比爲邱墟。這個悲慘狀態，除了川康，還有黃河渭河流域，無一不遭遇這種災難。

　　川康森林，雖然在中國爲有數的林區，但是全境之內，多半童山童秃，原野荒蕪，而今倡言林墾，動輒墾林，放火燒山，可耕之地而不耕，不可耕之山嶺而濫使開墾，致每年川康的森林，損失之大，難以數計結果數年之後，土砂流瀉，農作亦不能生育，新闢農田，既不能生產，可耕之地反因而減少，這個明爲開發利源，實則增加農村貧困，想到將來國運，令人不寒而慄。

　　諸位，川康氣候溫和，物產豐富，號稱天府之國，這是大家公認的，但是所以成爲天府之國，實任山林繁茂，水源不絕；倘森林不能保持，生產減低一終將衰滅，這有很多例子，可以照明。陝西楡林，昔日是一繁盛區域，而今怎樣，砂丘累累，田園荒蕪，意大利西西利島，原是地中海氣候最好一個島嶼，農作豐饒，卒因森林毀滅，水旱災患，不斷發生，非州北部，從前亦是一個極麗區域，今日已成爲曠野，波斯今日四分之三，已化爲砂漠，還有有名的巴比倫，昔如巴黎之盛，今期亦埋沒於砂漠之下，現在川康森林，雖不像西北第四期林相，但有許多地方，亦已進入第四期，川康爲民族復興根據地，國運有關，更不可不謀回復之道。

　　法國在今世紀以前，爲防止土砂崩潰，曾頒佈造林命令，強制造林，所費達萬萬佛郎，德國北海岸，有一個地方，名叫 Nehrung，於百年前，原爲一荒涼的海岸漁村，爲一飛砂區域，經造林之後，林木蒼鬱，今則已變爲人煙繁盛，爲暑期消夏之境。

　　森林一經恢復，電雨沛然而不氾濫，旱天連日亦不乾涸，水源既能充分涵養，農業水電，亦得充分發展。

　　第二點爲森林自身直接的貢獻，從抗戰建國講起來，凡戰爭利器製械，國防交通建設，人民衣食住行，無一不有密切關係，今就重要用途舉例說明：

　　1.軍用器材，這包括飛機槍托火藥等項

　　飛機用材，雖都用金屬，而木材還是不可少的東西，飛機製造木材，要堅硬而有彈性，亦有要韌性強而比重輕，屬於這種性質的材料，如雲杉冷杉椴楊白臘樹核桃等，爲最適用之材。雲杉除東三省外，就存於川康海拔較高的大山上，構成廣大森林，冷杉都是組成大森林，尤以青衣江大渡河⋯⋯其藴蓄之處，就飛機所用木材數量而論　木材種類雖多，而大量消費，還是雲杉和冷杉。

槍柄用材，過去曾試用種種木材，而最適用的，要算核桃木水青岡，但這兩種木材水青岡一量雖少，而核桃木除山西陝西以外，川康亦有相當的產量。

2. 國防交通建設　這包括枕木船艦電桿支柱木炭等項。

一國家，鐵路密布，貨殖流通，一切事業均由此發展，然鐵路建設，必需大量木材，尤以枕木爲消費大宗，川康在海拔二〇〇〇m左右的高山，所以產殼斗科植物或松柏類，都可以供給枕木應用，還有樟科植物，尤其是楠木，更適於車輛製造，這些廢材，或由上維木，還可拿來製造木炭。

3. 木材工業：爲抗戰建國，使西南經濟建設鞏固，必須舉辦幾種重要的木材工業，如造紙工業，製材工業，乾餾工業等等。

造紙工業，不但與文化有關，對於軍事，亦非常重要，從來我國新聞紙和印書紙，都靠外國輸入，抗戰前年，輸入四千五百萬關兩，現在來源斷絕，土紙產量不足，品質欠良，爲自給之計，造紙工業，確爲目前最緊要事業。

世界各國，造紙原料，大都仰給於木材，占總產量八九％，而所用材種，概以雲杉冷杉爲大宗，雲杉冷杉，亦爲川康主要樹種，且集團的存在，爲重要造紙原料。

4. 國外貿易：川康林產，對於對外貿易，有極大關係，其中桐油茶葉尤爲重要，桐油占出口貿易的首位，四川一省產量，占全國總量三分之一以上，至於茶葉，川康過去，雖非重要產茶區域，然目前產茶地域，接近戰區，故爲發展國外貿易，增進川康茶葉生產，實刻不容緩。

以上所舉，森林自身對於社會的貢獻，不過舉隅而已，總之國家當以森林爲抗戰建國之要務，直接可得無限森林收入，間接更可補助人民生計增進農業生產。

第三，如何發揮川康森林的效能。

川康森林，，向未能極經營，生產與消費，早已不能保持平衡，照這樣下去，川康僅有森林資源，必有用盡的一天，對於建國大計，影響何如，這是值得注意的一個問題，無論爲抗戰爲建國，要使森林爲國家財源，非有整個的森林政策，成效和進步，不能收實現，就川康現實森林狀況，林政的設施，應有以下四個要點。

一、調查研究　要經營森林，不得不仰給科學的方法，然而自然的分布和社會情況，各地方不同，雖然外國科學，可以拿來應用，學理固然確實，方法未盡實用，如果修談學理，而忽略實際，則對於設施計劃，閉門造車，必不合實際，所以今日森林業務，必須有經驗學識的人才，根據科學方流，首須做一番調查與研究工作，如觀察自然環境，查勘森林近況，探討實施方法，研究林產性質，明白了實際真象，才能確定森林經營的方案。

二、實施經營管理　川康林地面積，有四，三四一，五二六，六〇〇畝，以現在經濟的力量，人才的數目，勢難全部舉辦，必須辨別輕急，分年實施，任何國家創辦林業的時候，亦是經過這個階段，川康森林，既以四大流域爲主要林區，當先考察森林分

6　　　　　　　　　農　林　新　報　　　　第　十　七　年

布狀況，面積的廣狹，運輸的難易，確定適當位置，設立負責機關，實施經營，以專責守，且爲人民造林之示範。

三，增進公私有林之發展，　　　　川康森林面積廣大，欲聚全部森林，歸於政府經營，恐怕不容易實現，就是林業進步的國家，如德法國有林，祇占全林三分之一，而私有林竟占三分之一以上，政府欲使林業迅速發展，除了自行經營，更應獎勵人民造林，利用大多數民衆力量，普遍的進展，只要政府獎勵得法，民間造林事業，不難推行。

以上所謂設施要素，如果沒有嚴密的組織，仍舊是沒有森林行政，森林行政，乃是命令監督技術三種業務配合起來的，要能運用合法林政，才能推動，而林業才有發展的一日，總之川康森林，不僅是川康緊要問題，就是中國前途的幸福，亦系乎此。

叢書編號 No. 13　　　　　　　　　　　May, 1941

# 中國森林資源叢著

## 西康洪壩之森林

### 朱　惠　方

金陵大學農學院森林系

民國三十年五月

西康森林，爲西南著名之林區，且多集團存在，實爲經濟建設重

要資源之一，然其地積廣狹，與夫材積多寡，非有待於測勘，不能明

其真相，前年夏，西寧興業公司籌備主任冷開泰先生，於籌備之初

，卽注意開發此項森林事業，就商於余，余極贊同其意，以爲無論國

營私營，必須從調查入手，始可確定利用之範圍，與經營之方式，遂

邀請同工計議入山，前後越七閱月，始克蕆事，因以編纂成書，爲

按圖索驥之助，一切所需，均承冷先生熱心贊助，銘感無已，特此

誌謝。

著　者　謹　識

# 西康洪壩之森林

金陵大學林學教授

## 朱　惠　方

Der Urwald Humba In Sikang von W. F. Chu

2

# 中國森林資源叢著
# 西康洪壩之森林

**摘要**：由本調查與研究之結果，關於洪壩現實林況，森林增殖與夫利用途徑，茲特揭其大要如次：

1. **樹種** 洪壩全部森林，概屬温寒帶樹種，尤以寒帶之冷杉爲優勢樹種，有價林木，計有 2,371,362 株。

2. **地積** 洪壩廣袤，向無一定境界。就地勢分野，施行勘測，幷繪製森林基本圖，全林面積，計 1326.28 平方市里，而林地面積，計 364.48平方市里，佔全林地積 29.72%。

3. **蓄積** 洪壩森林，主分布於大小兩溝，而全林材積，實測有4,377,494.607m³。

4. **生長量** 洪壩森林，素乏人類技術經營，其各木之生長量，隨地位與鬱閉而有懸殊，茲就全林年平均生長量而論，計有32,865.52 m³。

5. **造林與更新** 洪壩有林之地，林齡半趨衰老，亟宜施行更新，而孤立木或無林之區，尤應造林，苟能就洪壩與灣壩施行計劃造林，則可增加森林面積，至少當達現存林區十倍以上。

6. **運輸** 洪壩林木之出路，主賴大小兩溝與洪壩松林兩河，除一二絕巘之處，概可由管流運行，至達大渡河口之安順場，已爲纖維工業或製材之消費場所，將來成品，舟運或陸逕（樂西公路），均無不可。

7. **木材用途** 洪壩森林，爲針葉樹之叢團，冷杉尤爲大宗，其主要用途，當以纖維與製材兩工業，爲最有希望之企業，然以運輸與貿易關係，創設纖維工業，似爲上策。

8. 生產與消費　根據計測結果，洪壩森林，全年平均生長量與日產二十五噸纖維原料之消費量，足可相抵，尙不失生產保續之目的。

# 第　一　章　　緒　言

西康森林，爲我國西部大森林之一，率多分布於靑衣金沙雅礱及大渡河諸流域，其面積之廣，蓄積之富，與夫特產之盛，除東三省外，西南各省，難以比擬，誠爲我國今日至可珍貴之森林，歐美植物學家，卽今數十年前，卽來康之東北，從事探集與調查，先後發現多屬新種之紀錄，夙已刊布於世，至國人之來此調查研究者，尙屬近幾年間之事耳，當此抗建時代，欲謀森林建設，開發利用，則森林資源之調查，尤爲當前之急務。

西康森林，除一部已經採伐或摧毀者外，槪屬原始與次生林型，夫原始與次生林型，因缺人力與自然力之協調，自生自滅，故林柏之參差，雖於同一森林羣落之中，猶互有懸殊，苟欲經營原有森林，在此種極不法正之林相內，必先從林況調查入手，而後始可抉擇經營之方式與利用之範圍，考諸世界各國，當其經營伊始，對於現存森林，每經精密考察，若歐洲德法諸國，森林圖與材積含量，早於百年之前，已告大成，是以森林之生產與利用，乃能確保均衡，無虞匱乏，他若日美林業新興諸家，當建設林業之始，亦莫不以此爲基本工作，美國於一八七〇年，開始調查森林面積，至一八七六年，政府曾支出六千萬金元，充調查森林資源之用，良以一國森林資源，不能淸理，則林政之設施，殆亦無由確定也。

中　國　森　林　資　源　叢　著　　　3

曩者，政府對於森林資源，鮮有系統調查與有計劃研究，每當經營開發之際，輒感無確實數字，可資依據，迨至國民政府成立以後，各類建設，積極提倡。而森林資源，亦爲國人所重視。各方精確考察。現正分別進行，尤以西部森林之調查與研究，頗多努力，似已有具體工作之表現，苟我農林行政最高機關，對此調查工作，予以協助，加以聯繫，更進而實施管理。則今後復興事業上所仰求之資源，必能裨補缺漏，供應無憾。

查現時森林資源調查，隨科學之進步，方法亦極簡易而精巧，凡林區面積，森林蘊藏，多精航空測量而計算之。然衡諸我國地理環境，森林設施尚未臻周備，尤以僻處西陲之西康，交通艱難，若應用航測，恐有所不能，是以本調查測量與測樹，仍須分別進行，以探索原始狀態之森林，其工作速率，固不免稍遲，而其所求之結果，殆亦無差別焉。

此次考察之目的，在確悉天然林之分布狀態，林木之特性，蓄積之多寡，生長量之高低，與夫採運之方法等。由實際之觀測與實驗之結果，對於森林資源，一方探求改進方略，以達增產目的，他方抉擇利用方法，以期合理開發，尤以纖維工業原料，爲本調查之中心工作。

今日世界纖維原料，大半仰求於木材，佔製紙原料總量 83%，尤以雲杉及冷杉佔重要之位置，此種同屬針葉樹材，在大渡河流域，概集儲於河之南岸，更居於山之上部界，恆在 2000m 以上，就中洪壩一地，尤多冷杉，欲謀是項林木，用作纖維原料，其纖維之產量，規模之大小，收支之預算，施業之方案等，無一不與原料林之材積含量有關，是以資源調查，與資源增殖幷利用，實有密切之關係，茲不揣譾陋，特就一年來調查工作，除實驗部份，另圖制剜外，僅先草成是篇，聊供森林利用上之參考。

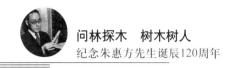
　　本考察程序，分爲林間勘測，與室内繪繪，測勘工作司人，留山七有餘月，祗以工作與趣所在，雖沐雨櫛風，野餐露宿，而欣然不以爲苦，此亦著者所最感興趣而不能忘懷者也。在工作進行期中，幷承西寧公司，殷懃招待，予以充分便利，彌深欽感，又林木種類調查與採集，材積生長之計測，多賴助教左景郁孟傳樸吳中倫諸君擔任工作，更承雷應奎范桂林將德驊管彤生諸君協助測繪，心感難巳，茲謹誌卷端，以示謝忱。

# 第 二 章　　地 理 之 背 景

## 第 一 節　　地 勢

　　洪壩位於西康九龍之東北隅，相傳爲九龍之一。所謂九龍者，原爲康名結署絨，係八角埡之意，蓋以境内每堡多有八角埡而得名，俗呼爲甲拖龍，漢名九龍，乃集九龍而爲九村之名。（卽三岩龍八阿龍麥地龍黑地龍菩薩龍逃窩龍洪壩龍灣壩龍三安龍等，除菩薩龍逃窩龍麥地龍劃爲境外，餘仍用爲村名。）九龍森林，固以洪壩爲著，而其他各處，若雪哇大台子銅廠溝鵝坂溝等，亦莫不有廣大森林被援。

　　洪壩爲九龍之一重鎮，扼松林河之上游，南與灣壩毗連，北達海尾，西泛元寶山，約當北緯二十九度二十分，東經一○一度三○分。

　　洪壩山脈，係大雪山餘脈，經康定折多山蜿蜒而入，至縣境分爲三支，東支由東北入境，經洪壩爲洪壩山，全境岡巒重疊，平坦之地，幾絕無僅有，山巒海拔，概在 2000m 之上，故缺暖帶樹種，山巔最高之處，海拔有達 4300m，已入恒雪界線，全部森林，殆屬温寒帶之樹種。

　　洪壩山脈，計分兩支，而此兩山脈間，形成兩谷，兩谷之水，一曰大溝，一曰小溝，合之爲洪壩河，北流與灣壩河相匯，曰松林河，東流入於大渡河，自洪壩至松林河口，約有六十餘里，木材水運，尚無不便，茲將洪壩森林位置略圖，示之於次：

國立長春大學農學院叢書

# 東北墾殖史

卷　　上

朱　惠　方
　　　　　共　著
董　一　忱

從文社發行

东北垦殖史卷上

黄如今题

# 東北墾殖史

## 卷　　上

著　　朱惠方
董一忱

發行所　從文社
長春市西二馬路二號

發行者　武·巽生
長春市西二馬路二號

著　從文社

國三十六年四月二十日出版

價　　　元

各大書店均有代售

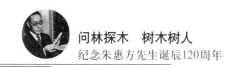

# 序

本書著述目的：一爲使國人瞭解東北以往墾殖之變遷，二爲喚起關內人士強化東北殖邊；憶昔國人不辭勞瘁不避艱險；跋涉山川，斬荊披棘，以開闢東北之荒原，實足以表現我民族堅苦奮鬥之精神；尤以淪陷十四年中，在敵人重重脅迫之下，掙扎圖存，再接再厲，此中苦況當爲國人所不能忘懷。

古聖有言：有人此有土，有土此有財，有財斯有用，此爲人所共知，迴溯東北一地，自開闢以來，幾經變亂，而仍保有今日之地位者，國人墾殖之毅力，厥功甚偉。東北共有一百三十萬平方公里之土地，穀倉與樹海，久已膾炙人口；而礦產漁牧亦遍地皆是，誠爲我國工業之資源。今後復員建設，若交通之興修，工礦之開掘，農林之發展，在在有待於人口之增殖，倘政府能積極獎勵移民殖邊，此不僅使東北金甌無缺，抑可保東亞永久之和平。

拙著分上下兩卷，雖旨闡明過去墾殖史跡；而其重點，則寄於下卷，即我東北淪陷十四年中，日人積極之開拓政策，與其進行步驟，以期國人知所驚惕。

此書編著，歷時僅半載，其中資料搜集整理，最爲繁難；幸賴並一忱君，不辭辛勞，多方搜輯，卒底於成。自覺遺漏之處，勢所難免，祇以東北墾殖事業迫不容緩，故率爾付梓問世，倘祈讀者曲諒，而賜教焉！

朱惠方序於長春大學農學院墾殖研究室

中華民國三十六年三月一日

# 目　　錄

月林新報第十年第八期

辦村有林之細則；繼則道派幹員分赴各地按法切實指導農民以組成之，而後對於聯合地主，圈定牧場，限制割草，供給苗木等項難題，始有解決之可能。

二、有效力之保障　所謂有效力之保障者，即政府須嚴持法律以繩盜竊，而勸侵佔。務使摧殘者知有法可畏，培植者得其保障。否則強者取巧，弱者畏縮，而使農民對村有林之觀念，仍入於歧途，難以收拾矣。

政府如能盡其責任，而人民最低限度，亦須有左列三項之認識，則庶幾乎村有林之目標可明，而舉辦自易矣。

一、農民為村有林之主人，村有林之利益，即農民本身之利益也。

二、政府為全局及久遠計，所有措置或暫與個人利益互相衝突者，則個人為公益及將來計，亦當與政府以澈底之協助。

三、舉辦村有林之主腦，實係農民本身，絕非政府所可越組代庖，而致成功者。故人民須自行團結，共同努力，方可收最後之效果。

政府切實指導於上，農民共同努力於下，以之經營任何事業，靡不有成，豈僅限於村有林哉！

# 東三省之森林概況

朱會芳

東三省之森林，為吾國用材最大給源之一，不幸九一八後，日人無故以武力侵佔我東三省，舉凡我三省之森林農畜礦產等，悉成為日人囊中物矣。然查日人之於東北，處心積慮，已非一日；試看一九二七年田中奏章所云：「所謂滿蒙者，乃遼寧吉林黑龍江及內外蒙古是也，大迫三倍，廣袤七萬四千方里，人口止有我三分之一，不唯地廣人稀，介人羨慕，農礦森林等物之豐富，世界亦無與匹敵。我國因欲開拓其富源，以培養帝國恆久之繁榮，特設南滿鐵道會社，藉日華共存共榮之美名，而投資於其地之鐵道礦山森林鋼鐵農業畜產等事業。……」則可知日人對於東北之觀念矣。唯當今全國上下，正努力收復失地，對於東北之產業，以及日人經濟權之操縱，尤為吾儕所不可忽視者也。夫森林為東三省產業中之主要分子，其產業之發展，於國家經濟上有重大之關係。茲不揣譾陋，特將東三省之森林，略示梗概，藉便參考焉。

## 一、森林面積及其蓄積量

東三省之森林地帶，最著名者，大別之如次：

1.松花江及其支流拉林河流域
2.圖們江流域
3.牡丹江流域
4.鴨綠江右岸及其支流渾江流域

## 東三省之森林概況

5. 中東鐵道東部沿線（卽西由小嶺東至細鱗河）
6. 中東鐵道西部沿線之興安嶺山脈
7. 吉林省三姓地方

以上各地帶之森林面積及蓄積量如下：

| 森林區域 | 森林面積（畝） | 立木蓄積（石） |
|---|---|---|
| 松花江流域 | 三三・五五二・六七五 | 六三二・二九六・八二四 |
| 鴨綠江及渾江流域 | 一三・三四七・六七五 | 六二一・二九六・八二四 |
| 圖們江流域 | 一二・六六二・四四四 | 七○二・四○一・一四○ |
| 牡丹江流域 | 九・五四二・四九○ | 七七五・七二一・六三○ |
| 拉林河流域 | 九・八九六・六三五 | 五二・二○九・六三○ |
| 中東東部沿綫 | 一・六六八・四四三・二七○ | 四・七三・四八三・二四 |
| 中東西部沿綫 | 一二・二○三・○七○ | 九○・一四八・六三五 |
| 大興安嶺 | 三三○・○○○・○○○ | 一○・○五○・○○○・○○○ |
| 小興安嶺 | 一五○・○○○・○○○ | 六・三○○・○○○・○○○ |
| 合　計 | 五四二・四六二・七七○ | 二七・○四三・八五四・四八○ |

依上表，森林面積約有五四二、四六二、七七○畝，與遼吉黑三省之總面積一、四九八、九四二、一七○畝相較，約與三六％相當，其產木蓄積量，約有二百七十億石，每畝平均計算爲二七、七石。然上項統計，僅指主要產地而言，若併合其他森林面積計算，當更超過此數，無待言也。

觀以上之森林面積，即森林發達之德國，其面積（德國林地面積約二二五、五三八、七五二畝）猶遜於我東三省，東三省之森林，誠爲我國最大之林區也。

### 二、森林之種類及性質

東三省位於吾國之東北邊陲，北與俄領阿勒巴赤海蘭泡相接，東隔烏蘇里江與俄沿海州爲界，東南隔圖們江及鴨綠江與朝鮮交界，西北與額爾古納河相接，南界渤海及黃海，西與外蒙察熱及河北爲界。在東經一二○至一三五度北緯四○至五五之間，氣候概爲大陸性。其大部分，槪屬於寒帶之區域。依森林植物帶而論，一部雖屬於溫帶北部，而其大部分，槪屬於寒帶之區域。兹就東三省中之主要者，并略示其性質與用途如次：

| 華　名 | 學　名 | 分　布 | 性　質 | 用　途 |
|---|---|---|---|---|
| **A 針葉樹材** | | | | |
| 落葉松（黃花松） | Larin daburida var. Principis ruprechtii Retw. | 鴨綠江流域 | 邊材黃白色心材赤褐色質堅耐久 | 建築橋梁電柱枕木船艦帆柱棺 |
| 紅松（海松） | Pinus koraiensis S. et Z. | 鴨綠江松花江上游海林河及長白山一帶 | 邊材白色心材淡紅色質軟易施工 | 建築家具電柱橋梁棺材又其松子爲東三省之特產 |
| 沙松 | Picea obovata Led. | 松花江上游牡丹嶺及張廣才嶺 | 邊材白色心材帶赤褐色質軟 | 建築器具電柱 |

| 名稱 | 學名 | 產地 | 性質 | 用途 |
|---|---|---|---|---|
| 魚鱗松 | Picea ajanensis Fisch. | 鴨綠江流域 | 材爲白色質軟易加工 | 橋梁建築箱板軸木紙料 |
| 臭松 | Abies nephrolopis Max. | 鴨綠江牡丹嶺 | 材帶赤黃白色質輕軟富有彈力 | 建築家具曲物製造 |
| 紫杉 | Taxus cuspidata S et Z. | 鴨綠江一帶 | 心材赤色邊材白色甚狹質緻密而有彈性 | 家具文具鉛筆程染料 |
| 檜柏 | Juniperus chinensis L. | 遼吉黑各處 | 材爲桃紅色邊材白而狹質密而堅 | 家具細工材棺材鉛筆程 |
| 油松 | Pinus tabulaeformis Carr. | 鴨綠江流域 | 邊材黃白色心材黃褐色質堅 | 建築器具軸木 |
| **B 闊葉樹材** | | | | |
| 白樺 | Betula costata Trautv. | 鴨綠江上流嫩江一帶 | 材帶黃白色有斑紋質堅密燃力強 | 薪炭材皮可製烟匣及單寧又可收皮油 |
| 柞 | Quercus mongolica Hance. | 各處 | 材黃白色質堅耐久 | 車軸枕木器具桶材船艦材料葉可飼蠶皮可作染料 |
| 榆 | Ulmus macrocarpa Hance. | 吉林 | 材色黃質堅硬而密 | 車輛几椅把柄根之液汁可作紙粘料 |
| 水曲柳 | Franinus mandschurica Rupr. | 各處 | 心材淡褐邊材白色質堅具强粘力 | 建築器具車輛船艦細工物 |
| 山楊 | Populus tremula var. Danidiona schneider. | 各處 | 材色白質輕軟 | 滑車桶板紙料軸木 |
| 銀白楊 | Populus alba L. | 各處 | 材色白而有光質輕軟 | 軸木薪材 |
| 青楊 | Populus suaveolens Fisch. | 各處 | 材色白而軟 | 器具軸木編物經木紙料 |
| 白楊柳 | Populus simonii max. | 各處 | 材色白而質軟 | 器具軸木火藥箱 |
| 白楊 | Populus maxinowixii Carr. | 各處散在 | 材白色質輕軟 | 器具炭材鏇工軸木經木紙料 |
| 樱木 | Tilia mandschurica R.et w. | 混生於各處針葉樹林內 | 材色白而美易施工 | 家具曲物材經木軸木紙料 |
| 胡桃楸 | Juglans mandschurica Max. | 鴨綠江流域 | 材淡褐色質堅密 | 家具鎗托果實可食 |
| 黃蘗 | Phellodendron amurense Rupr. | 各處 | 材淡黃褐色質粗而堅 | 器具枕木皮可作瓶塞內皮爲藥及染料 |
| 槭 | Acer mandschuricuny Mar. | 各處 | 材帶赤淡褐色質堅靭有光 | 家具彫剝材 |
| 刺楸 | Acanthopanan ricinifolius Seem. | 各處 | 材褐色質堅木理美 | 家具枕木鎗柄農具把柄 |

东三省之森林概况

# 三、木材之生產及需給狀況

## 1.東三省木材之生產狀況

今日東三省生產之木材，因其來源及集散地之不同，概別之為四類：

凡由鴨綠江右岸及渾江流域所生產之木材，稱為鴨綠江材。又由吉林內地即沿吉敦鐵路所伐採之木材，經吉敦鐵路運出者，與夫松花江流域所伐採之木材往吉林者，均稱為吉林材。更由圖們江上流諸流域所伐採之木材，藉筏流經過圖們江，運往會寧清津雄基十里等，總稱為間島琿春材。此外中東沿綫所伐採之木材經中東鐵路運出者及由松花江運往哈爾濱者，則稱為北滿材。

茲將上述生產材之生產量（由民國十五年—民國十九年之平均數）錄之於左（新材不在內）

| 生產材 | 生產量（五年平均） |
|---|---|
| 鴨綠江材 | 二、六八六、〇六三、 |
| 吉林材 | 一、四九九、七一三 |
| 間島琿春材 | 六七二、九七六 |
| 北滿材 | 二、七四六、七四〇 |
| 合計 | 七、六〇五、四九三 |

## 2.輸出狀況

鴨綠江材之主要輸出地，首為朝鮮，次之為天津烟台及上海等處。吉林材除大部分為東三省消費外，亦有經營口大連而向吾國中部及日本朝鮮方而輸出者，唯其量甚微。間島琿春材，大部分為原材形態，向天津烟台青島上海等處運出，其殘餘者，則向日本及朝鮮輸出。至於北滿材，大部分供給中東鐵道沿線之需要，一部分運往南滿地方，唯紅松及白楊圓材，僅向日本輸出而已。近來吉林材及北滿材，由安東輸入朝鮮者亦夥。

## 3.輸入狀況

輸入材概限於特殊用材，由安東港進口者，如朝鮮，又由大連港輸入者如北洋材（Abbabies sashalinensis mast 及 Picea ajanensis Fisch）美松（俗名花旗松）日本松杉及南洋材（桃花心木）等。此外吾國中部材（如桐材）亦有運入東三省者。

今示自民國十五年至民國十九年之木材輸出入平均數如下：

| 輸出入 | 數量 |
|---|---|
| 輸出 | 一、三三三、七八一石 |
| 輸入 | 二、一二五、七六五 |

以上生產量及輸入量之和，減去輸出量，由其所生之差，即可推知東三省之木材消費量，如次表所示：

| 區別 | 生產量 | 輸入量 | 計 | 輸出量 | 消費量 |
|---|---|---|---|---|---|
| 東三省 | 七、六〇五、四九三 | 二、一二五、七六五 | 九、七三一、二五八 | 一、三三三、七八一 | 八、三九七、四七七 |

上，表所逃生產景外，尚由其他各處產生者不在其內，故實際上東三省木材之消費量，當不止於此。

## 四、各材之產况

### 1. 吉林材

吉林為木材企業地之一，距長春約為百二十八Km，又由吉海鐵路至遼寧約有三百二十五Km，大連約為七百三十二Km，在昔藉松花江為唯一之交通機關，故經營探伐者之目標，悉在松花江本支流之區域。然自吉敦鐵道之開通，則以張廣才嶺與新開嶺之森林為中心，吉林樺甸額穆敦化四縣，及通松花江口之濛江縣，并遼寧省之撫松安圖縣之一部，亦屬其範圍之內。森林面積，七縣約計，有一五〇〇〇、〇〇〇畝。今將各地之蓄積量示之如左：

| | |
|---|---|
| 松花江上流 | 一、五三四、八一三、二〇〇石 |
| 吉敦鐵道沿綫 | 四二三、一三六、〇〇〇 |
| 勷陵河上流 | 三一三、九四三、四〇〇 |
| 合　計 | 二、二六一、八八七、六〇〇 |

本家，均着眼於吉林材，然吉林材之開始向南滿運出者，距今不過十餘年耳。

吉林材之運輸情形　吉林材大別之為水運材，與陸運材二種，前者由松花江上流牡丹嶺南側一帶，及由輝發河流域與濛江縣一帶之森林，經松花江流送，以吉林為集散之地。後者由額穆縣之北部，與舒蘭縣之東部伐出，由馬車運至吉敦路未通之前，吉林泥子，而一部則經嗄呀河運至蛟河站，當吉敦路未通之前，吉林材主為水運，其平均數量約達一、二九八、七二三石云。

吉林材之銷售　吉林材之銷售，主為南滿沿綫，其次吉長及四洮沿綫，又次之為朝鮮。依其銷數比例，南滿線約占七成，吉長線約占二成至二成五，餘向四洮線及朝鮮方面輪送。南滿線之市場，為遼寧四平街遼陽開原鐵嶺蘇家屯營口大連等。吉長線之市場，為長春營機子下九台上下倫樺皮廠等。至四洮線之顧主為四洮路局，專為枕木之用。至木材之造林種類，概為角材。

吉林材經過長春運往各處之噸數如次：

| 運　往　地 | 民國十八年 | 民國十九年 |
|---|---|---|
| 大連旅順 | 二〇、〇五五噸 | 三二、二〇四噸 |
| 撫順 | 一、七七七 | 二二、二五八 |
| 遼寧 | 四四、三九〇 | 四、九二四 |
| 遼寧南北各處 | 七一、九八七 | 五〇、一八九 |
| 安東 | 四、三二六 | 六、二七五 |
| 朝鮮 | 二二八 | 三三七 |

此等吉林材，最初探伐者，為吉林省內地之森林，其木材雖運往吉林省城，而其大部分仍向伯都納方面流下，以供蒙古地方建築材及棺材之需要。嗣後吉長鐵道開通，吉林材之大部分，得由陸運，一日可至長春。供給南滿沿綫各地之用。因之吉林材之價值遂益高。在吉敦開通以前，吉林材運出者，僅五、四〇〇、〇〇〇石，至歐戰之時，木材之需要激增，材價昂貴，故各方資

況概林森之省三東

安奉沿線各地

合　計　　　一四三、二九三　　八七、九五八
　　　　　　　一、五三○　　　一、七七一

2．北滿材

北滿之森林，大部屬於寒帶植物，故樹種以針葉樹爲多，闊葉樹較少。在昔中東鐵路未築之前，除一部草原地帶外，全部殆爲蒼鬱之森林被覆。迨至十九世紀中葉，中東鐵道建築之後，移民逐漸增加，森林遂日被濫伐。如今交通便利之處，中東沿線東部及西部地方，均已變爲禿山矣。現在有名森林地帶，僅在中東沿線東部及西部地方，次之松花江下流，又次之牡丹江上流拉林河上流黑龍江流域久東北部之森林地帶是也。至北滿材之森林面積，包括大小興安嶺，牡丹江及拉林河上流，并東北部地方，約計有四六四、○四二、五二○畝，其蓄積量約爲二○、八三二、二八五、四一○石，而每畝之平均蓄積量約爲四四、七石云。

北滿材每年之伐採量，究有幾何，頗難確定，若依中東鐵道輸送量爲基礎而計算之，則如次：

| 年　別 | 輸送量（原材、建築材、枕木等） |
| --- | --- |
| 民國十四年 | 三七○、三六二噸 |
| 　十五年 | 三六○、八二八 |
| 　十六年 | 三六七、二○一 |
| 　十七年 | 五五三、六三四 |
| 　十八年 | 四五八、二二八 |
| 平　均 | 四二二、○五○ |

北滿材之輸送狀況及銷售　北滿材大概爲東部沿線材及松花江水運材二種，前者一部向南沿線運出，後者僅運往哈爾濱及其流域之都市。東部沿線地方之材，大都供給中東鐵道及沿線各地之需要爲目的，其造材之種類及尺寸，往往以俄制爲標準。

松花江水運材，其主產地在距哈爾濱水路約一百三十哩之下流一百九十哩之湯原通河木蘭開同賓方正五縣之茶林河埠頭，輸送于哈爾濱，所伐採之材，由通河縣之茶林河沿岸地方。此等地方，所代抹之材，以圖銷售也。

其他三姓材，即松花江上流所伐採之材，目下伐採事業，悉操諸把頭之手，隨處砍伐。三姓材大部，運往哈爾濱，約占六成，至運往南滿者甚少。

3．鴨綠江材

鴨綠江上流，爲我國與朝鮮間之緩衝地帶，昔朝曾斥滿洲野之法，禁止人民移住其間。清劃爲四禁之域，禁止伐木採礦及狩獵，而保障滿族發祥之地，以此封鎖數百年，始有今日蒼鬱之森林。自前清光緒四年，鴨綠江森林，乃實行弛禁收捐，故探伐事業，遂因之而勃興。其地所伐採之木材，彼時悉集中於大東溝，蓋以大東溝面臨海口，便於裝卸也。迨至日俄戰爭，所有木材爲日人扣於安東，不能運出，遂至大東溝市面陷於冷落狀態。其後復以南滿鐵路及安奉鐵路造成，交通益形便利，故今日之安東，乃一變而爲鴨綠江及渾江材之主要集散地也。

鴨綠江及渾江流域之出材額，約有二百萬立方尺左右，其造

————144————

農林新報第十年第八期

材之種類，角材最多，圓材甚少，每根長為一連（凡長八尺者為一連）或二三連不等，每當夏秋之際，則藉筏流運送於安東，以安東為販賣中樞，由是更轉運於朝鮮南滿以及天津青島烟台上海等各口岸。

**結論**

綜觀以上所述，東三省森林之豐富，及材質之優良，實為全國之冠，惜我當局，向不注意，聽人濫伐，供人利用，遂致蘊蓄一空，轉而求之於他邦，入口之數，不下二千五百餘萬兩，言之實堪痛心，況東三省之針葉樹林，為世界針葉樹林著名之給源，當茲國內建設繁興，用材之需要浩大，則東三省之森林，與吾國用材需給之現在及將來，尤有密切之關係也。

# 森林火災的害處與防禦的方法

周國華

經營林業最大的災害，要算是火災了。雖然氣象上的害和蟲害都是森林的大敵，但總沒有像火災這樣猛烈的。森林火災不但減損木材的價值，減少森林的蓄積，破壞作業的程序，衰耗土地的生產力。同時因為木材的供給減少，阻礙建設事業的進步；水源不能調節，水旱成災；河道不能暢流，交通阻滯；水力不能利用，工業停頓。所以關心造林事業者，對于森林火災的防禦應當格外的注意。

江蘇省教育林十幾年來在江浦老山所造的森林，在民國十七年的春季，不是被會匪縱火燒「幾天幾夜麼」那次被燒燬的林木，總計起來，不下三百萬株，每株估價二角，總計損失至少也有六十萬元。倘使把全國每年所受森林火災的損失統計起來，不知要幾百萬元呢！普蘭麥（Plummer）在一九一二年的時候，曾經估計美國每年平均所受森林火災的損失：單是犧牲的生命，就有七十個了；至于燒燬的林木，要值美金二千五百萬元；其餘如牲畜，作物，房屋，以及其他建設等的損失，至少也值數百萬元。此外幼樹的燬損，地力的衰類，洪水的氾濫，旱魃的災害，事業的停頓，產業的跌價等；以及其他一切間接的損失，還沒有估計在內。最近的十年（一九一九年至一九二八年）因為已經有了科學化的消防設備，雖然每年平均花費美金一百二十八萬元的消防費，但是林木損失的已經減少到一百三十六萬三千元了。所以森林火災的消防設備，實在是很重要的。

**第一　森林火災的害處**

森林火災的害處，不外下列的八種，祇有前四種是直接對于森林發生影響的，現在分別寫在下面：

一　對于成材林的害處

森林火災對于成材林的害處：輕的把根部樹皮燒焦，重的卻把全林燒燬。但是後面這個例

# 世界木材之需給概觀

本校森林系　朱會芳

一九六

世界各國木材之消費，日益增高，則地球上之森林，必愈形減少，將來木材之供給，更將愈感不足矣。然吾人欲避免未來木材缺乏之恐慌，作未雨綢繆之計，首宜觀察世界產材狀況，及將來需要數量，力圖森林之增殖，以應未來木材之需要。此誠「我國林業」行政上至為急切之對策也。茲不揣簡陋，爰就統計數字，對於各國木材之需給狀況，揭其大要如次。

一、世界木材之消費量

現在世界各國，每年木材之平均消費量根據 Zon and Spar-hawk 氏之統計，如第一表所示：

第一表　各國木材之消費量(m³)

| | 木材消費量 | 人口一人之消費 | 人口一人之用材消費 | 人口一人之燃材消費 |
| --- | --- | --- | --- | --- |
| 加拿大 | 五・二三一・七七九 | 七・六三○ | 二・二○○ | 五・四三○ |
| 丹麥 | 二・二三○・九五四 | ○・八一○ | ○・八一○ | — |
| 德國 | 六九・三二五・○六○ | 一・○七一 | ○・六二五 | ○・四四六 |
| 法國 | 三一・二一六・八二一 | ○・七六○ | ○・六○○ | ○・一六○ |
| 英國 | 一七・九四○・八五○ | ○・三五五 | — | — |
| 希臘（用材） | 三○一・二五○ | — | ○・○六五 | — |
| 意大利 | 三三・二五九・六一○ | ○・六七○ | ○・四六○ | ○・二一○ |
| 荷蘭 | 一・五三○・六六○ | ○・二三○ | — | ○・二三○ |
| 那威 | 九・○九二・八三○ | 三・四五○ | — | — |
| 奧與匈 | 五三・八五二・八三○ | 一・○三○ | ○・三九○ | ○・六六○ |
| 俄國 | 一八九・三五八・八九二 | 一・九○○ | ○・三五○ | — |
| 瑞士 | 二・七七五・○○○ | ○・八六○ | — | — |
| 芬蘭 | 一二・七七五・○○○ | 八・三二○ | — | — |
| 瑞典 | 三○・三五一・○○○ | 五・二○○ | ○・八六○ | 二・八一○ |
| 捷克斯拉夫 | 二・一六二・○八六 | ○・八六○ | — | — |
| 北美 | 六二・六六八・三○○ | 六・四三○ | 三・六四○ | 二・八一○ |
| 亞洲 | 三二・二六七・一九六 | 二・八六七 | — | 二・八一○ |
| 南美 | 七・七○一・三二九 | 一・六四○ | 二・九五○ | — |
| 非洲 | 二・三五三・二一○ | 二・○一○ | — | — |
| 澳洲 | 九・五六三・四八七 | 二・○一○ | — | — |
| 合計 | 一・五六六・三四八・○○○ | ○・九一○ | — | — |

世界各國木材消費之數量，雖有甚大之差別，然一般木材生產多量之國家，其消費亦高。

消費與生產，殆成為正比例而增進。例如加拿大每年平均一人之木材消費量為六、四六m³，瑞典為五、一三m³，芬蘭為八、一三m³，美國為六、四六m³。他若英國一人之平均消費，僅〇、三九五m³，是即英國為少量產材之國家也。夫木材與其他生產物不同，體積重大，運輸需多量費，由某一國輸送至別一國者，其價格往往超過原價費用，所以木材如斯之高，故一般使用木材者，不得不加以節約焉。

二、世界木材之生產量

世界木材之供給量，由世界木材之生產量，可以測定之。現在世界木材之生產量如次表：：

第二表　各國木材之生產量（m³）

| | 木材生產總量 | 每ha·生產量 | 用材生產量 | 燃材生產量 |
|---|---|---|---|---|
| 加拿大 | 六六·六六·六〇五 | 〇·二七一 | 一六·三二一·九六六 | |
| 丹麥 | 一·二二〇·〇 | 〇·四五〇 | 二六·〇九六 | 一〇·四五三·七三五 |
| 德國 | 五二·八七四·二一〇 | 一·二六〇 | 四·一二〇 | 三五·九六九·六六八 |
| 法國 | 七〇·一六五·四九一 | 〇·六二〇 | 三五·九六九·六六八 | 二六·二三一·九六六 |
| 英國 | 八·七二·八〇〇 | 〇·六六〇 | 二六·二三一·九六六 | 二九·四三四·六三五 |
| 希臘 | 用材七六·四三一 | 〇·〇五〇 | | |
| 意大利 | 二四·七五〇·〇〇〇 | | 二二·二四三·〇〇〇 | 二·六七七·〇〇〇 |
| 荷蘭 | 三七一·二九一 | 一·八〇〇 | | |
| 挪威 | 一二·五一六·二四〇 | 一·七五〇 | | |
| 奧奧匈 | 三六·九一三·二九五 | 二·六六〇 | | |
| 俄國 | 二〇六·八二一·八九三 | 一·五〇〇 | 一·三五九 | 一·七六五·〇〇〇 |
| 瑞士 | 三·一三四·〇〇〇 | 二·〇一〇 | 一·六四四·七一九 | |
| 芬蘭 | 三七·四〇〇·〇〇〇 | 二·五二〇 | 一六·六六六·〇〇〇 | 一〇·六四三·〇〇〇 |
| 瑞典 | 四〇·一六二·〇六五 | 一·八八〇 | | |
| 捷克斯拉夫 | 一四·四六三·〇三六 | 三·〇四〇 | 四·七六四·七一九 | |
| 北美 | 六八·二三〇·〇〇〇 | 二·〇六〇 | | 一九·八〇二·七七九 |
| 亞洲 | 三三·六六九·〇〇〇 | 一·二五五 | 七·六八九·四四七 | 六·八〇七·七七六 |
| 南美 | 七·九五九·九二三 | 〇·三六〇 | 六·八〇七·〇〇〇 | 一·九六五·七一九 |
| 非洲 | 二·一六七·二二三 | 〇·二五〇 | 一·九六五·七一九 | 五·五四二·七七六 |
| 澳洲 | 八·五二·四六二 | 〇·二一〇 | 二·八二·七九三 | |

據此統計，世界木材之消費量，平均而論，約十五億七千萬m³，而年平均之生長量，祇有十億七千五百萬m³，是即現在過伐之數量，已達年生長量之一倍半，長此以往，將來木材之供給，定不足供應其消費矣。

## 世界木材之需給概觀

一九八

### 三、消費量與材種之關係

上記消費總量之中，用材與燃材之消費，雖因樹種而異，然燃材之消費量，恆高于用材，其比例如次：

| 樹種 | 用材 | 薪炭材 | 計 |
|---|---|---|---|
| 針葉樹材 | 三四、五 | 一四、五 | 四九、〇 |
| 闊葉樹材 | 一一、五 | 三九、五 | 五一、〇 |
| 總計 | 四六、〇 | 五四、〇 | 一〇〇、〇 |

世界用材之消費量，爲七一五、三三九、〇〇〇m³，而燃材爲八五一、一〇九、〇〇〇m³，即燃材占全消費量五四、四%，而用材只占四五、六%而已。夫世界用材之消費，隨文化之進步及人類生活之複雜而增加。例如歐美及澳洲大陸，對于建築材料與工藝原料，必須求巨量用材以自給，燃材則不然。燃材爲人類原始的用途，蓋文明國家，往往應用別種代用品，如應用石炭或電氣，以減低燃材之消耗。據 Endres 氏之推測，德國現在消費的石炭，若以木材代用，則按每 1 ha 生產木材四、五m³，必須針葉樹林一四八、〇〇〇、〇〇〇ha，但照德國現有森林面積一四、二三一、一七二ha計，必擴張十倍于現有森林面積，不足以自給也。然就現勢而論，各國燃材，概可以自給，況燃材由外國輸入，其價自昂，故燃材不能占木材貿易市場之位置。職是之故，各國木材之需給，有顯著之差異，此種需要與供給之數量，試一對照各國木材之輸出入量，自可知矣。

### 四、世界各國木材之輸出入量

各國木材輸出入量之過與不及，可別爲木材入超國與出超國。Endres 氏曾依此分歐洲各國爲以下兩類：

1. 木材輸出國　即木材生產過剩之國家，如俄國、芬蘭、瑞典、那威、奧匈、及羅馬尼亞等。
2. 木材輸入國　即本國生產之木材，不足匹其消費，其不足之原因，又有四項：

a. 森林豐富，林業充分發達之國家，雖能生產多量木材，但因人口稠密與工業發達，不得不仰求外材之輸入，如德、法、瑞士、比利時等。

b. 林地面積狹小，林業未臻發達之國家，如英、荷、丹麥等。

c. 林業雖不發達，而木材之需要亦少，如意大利、希臘、西班牙、葡萄牙等。

d. 森林面積雖廣，而大都尚未開發，且分布不勻，施業不良，如塞爾維亞、土耳其等。

現在世界各國木材之輸出入量如次表：

第三表

| 木材輸出超過國 | 輸出量 1.000 m³ | 輸入量 1.000 m³ | 輸出超過 1.000 m³ | 木材輸入超過國 | 輸入量 1.000 m³ | 輸出量 1.000 m³ | 輸入超過 1.000 m³ |
|---|---|---|---|---|---|---|---|
| 俄國 | 一六·三六六 | — | 一六·三六六 | 英國 | 一七·二九四 | 三三 | 一七·二六二 |
| 瑞典 | 一四·六六六 | 七三 | 一四·五九三 | 德國 | 一五·九六六 | 三·二二八 | 一二·八六九 |
| 加拿大 | 一六·三〇〇 | 二·八〇四 | 三·四九六 | 意大利 | 四·九四 | 二三〇 | 四·六四 |
| 芬蘭 | 一〇·一五 | 八二 | 一〇·〇六六 | 法國 | 五·四三六 | 二·二六二 | 三·一四二 |
| 捷克斯拉夫 | 三·〇〇〇 | — | 三·〇〇〇 | 荷蘭 | 二·九六六 | 一·六七九 | 一·二九〇 |

| 美國 | 三一·四九 | 一二·七九 | 五·五四七 | 日　本 | 二·六四三 | 四九 | 二·六四三 |
| 奧與匈 | 七·七〇〇 | 一·二七一 | 六·四二九 | 丹　麥 | 一·一〇三 | 六 | 一·〇九七 |
| 那　威 | 三·七五二 | 三五二 | 三·四〇〇 | | | | |

木材輸出國之出超量、合計六八、一二一、〇〇〇m³，輸入之入超量，合計四三、九六五、〇〇〇m³，世界上木材輸入占第一位者爲英國，幾乎一切木材輸出國家，如俄、芬蘭、瑞典、那威、及美國等，均以英國爲第一銷售地，其輸入總量中，俄國獨占其半，餘則由瑞典、那威及美國供給之。

歐洲木材輸出國，次於俄國者，爲芬蘭及瑞典，又次者那威。而俄國、芬蘭、瑞典、及那威，殆爲歐洲國際木材給源之一，德國木材生產全量，雖不及俄國，而單位面積之生產，每ha爲

四、一三m³，足爲世界冠。第以國內工業發達，消費頗亘，致木材輸入超過量，竟占世界之第二位也。

至若木材出超國，爲俄國，占第一位者，百分之四〇爲英國，百分之三三爲德國，凡歐洲北部諸國，均受俄國之木材供給。加拿大亦爲木材出超國，占世界之第三位，其輸出市場，百分之七二、六爲美國，次爲英國，其他各國，不過占全量百分之三二而已。

五、世界木材之給源

世界木材之需要，將來需要之增加，雖不容推測，然就人口增加，與工業進步觀察之，將來需要之增加，殆可斷論。根據Fernow氏推測，世界木材之需要，在文明國家，年約一·五—二%之增加。但現在世界森林面積與世界森林生長量，究屬如何？世界森林面積與森林之分布，根據Zon氏之調查如次：

第四表　森林全面積

| | 歐洲 | 美洲 | 亞洲 | 南美 | 澳洲 |
|---|---|---|---|---|---|
| 森林全面積 百萬ha. | 八二·三 | 六八·八 | 八六·一 | 八四·七 | 二五·一 |
| 森林全面積對於全面積之百分率 % | 一〇·三 | 二六·〇 | 二六·〇 | 二六·〇 | 三·八 |
| 針葉樹林 百萬ha. | 三一·一 | 二六·八 | 三三·六 | 四二·〇 | 一五·一 |
| 世界針葉樹林之百分率 % | 〇·六 | 〇·九七 | 〇·九七 | 一四·一二 | 二四·〇四 |
| 溫帶闊葉樹林 百萬ha. | 三二 | 四五 | 四三 | 一四 | 六 |
| 世界溫帶闊葉樹林之百分率 % | 三·九 | 四三·六 | 三九·六 | 四·一 | 〇·六 |
| 熱帶闊葉樹林 百萬ha. | 七五 | 二七 | 二五 | 四七 | 一 |
| 世界熱帶闊葉樹林之百分率 % | 三·九 | 六一·二 | 四七·五 | 九·六 | 一·二 |
| 對於各大陸人口一人相當之森林面積 ha. | 〇 | 七·五 | 二五·七 | 七五·六 | 五一·三 |

世界木材之需給概觀

| | | | | | | | | | | | |
|---|---|---|---|---|---|---|---|---|---|---|---|
| 非洲 | 三一·○ | 三二 | 一○·六 | 一三·六 | 一·九七 | 三·二七 | ○·三 | 五 | 七 | 一·四○ | 二 | ○·四九 |
| 總計 | 三二·○ | 100·0 | 100·0 | 一三·六 | 一·九七 | 100·0 | ○·三 | 五 | 四八·一 | 一○○·○ | 六·二 | 一·四七二 | 三·二 |

一二○○

依上表溫帶闊葉樹面積，雖似缺乏，然大部係供薪炭之消費，爲用材者，不過占全伐採量之一小部耳。將來絕對需要者，爲針葉樹用材，針葉樹用材，占全需要量四分之三。且針葉樹林之分布不等，故針葉樹材，得爲世界之貿易商品，占木材貿易額九○％，今日針葉樹材，大都存於北半球溫帶。此種給源，分爲下列五大集團：

1. 中歐森林　此卽德奧兩國之森林。德國爲木材輸入國，所以消費和別國相比，非常節約，奧國與匈牙利，原爲木材輸出國。歐戰之前，年約有七百七十萬 m³。輸往意大利、德國、希臘、及瑞士。大戰以後，此種蓄積割裂，分屬於奧、匈、捷克、斯拉夫。與巨哥斯拉夫。所以產量亦日漸減少。

2. 那威、瑞典、芬蘭、及俄國之針葉樹林　此爲北歐寒帶樹木，以歐洲松、及唐檜爲主，並混有樺木。爲供給歐洲木材之給源，現在由西向東，逐漸開發。除俄國外，各國皆呈過伐現象。以俄國之伐採不足，補他國過伐，雖似有餘裕，唯俄國森林之大部，尚僻處遠方而不能利用也。

3. 北美及加拿大針葉樹林　此林包含溫、寒、暖三帶，如東加拿大、紐絲蘭、及沿湖諸州之唐檜、栂及五葉松等，密西西比諸州之黃松，西海岸之黃松，西海岸爲伐採中心，每年由此輸入我國者，爲數甚巨。美國之松與栂，更有落機山之松與黃松，密西根山之松與黃松。美國來西海岸爲伐採中心，每年由此輸入我國者，爲數甚巨。

4. 西伯利亞及我國東三省之針葉樹林　主要樹木，爲歐洲唐檜、落葉松、松、西伯利亞落葉松、朝鮮松、五葉松、蝦美松、朝鮮樅、朝鮮白檜、黃花松等。西伯利亞森林面積，根據 Endres 教授推算，約有五億三千九百萬 ha，其林木蓄積，約一百億 m³。我國東三省及東部內蒙古森林面積，爲一二、九七○、八一四 ha，此廣大森林，因交通不便，尚未完全利用。

5. 巴西松林　此爲南半球唯一大針葉樹集團。主要林木爲 Parana Pine (araucaria brasiana) 其森林面積有一千五百五十四萬 ha，蓄積量有五十六億六千 m³，幾與加拿大、瑞典、及芬蘭之蓄積總量相當，以上五種針葉樹材之給源。近已過度伐採，將來木材之需要與針葉樹材之缺乏，可以設法採用，或因材價昂貴，更可促進人工林之繁榮。無奈世界各國需要過度而供給有限，終難挽回缺乏之大勢。

試觀歐洲工業發達之國家，其木材輸入額多超過輸出額，是卽生產不敵其消費之明證，況森林受天然力之限制，非與其他生產物可比，得賴經濟力及技術一時補救，而造成多量之產品也。倘吾政府，對於此巨量之消費，若不及早籌劃，則將來木材缺乏之恐慌，吾國家經濟上所受之損失，必較他國爲尤甚也。

# 論　著

# 木材利用之範疇與進展

## 朱　惠　方

簡今科學進步，木材利用，種類繁多，不但建築土木與燃料，需要木材，卽造紙乾餾人造絲火藥等，亦均以木材爲主要原料，甚至人類食糧，亦可以木材代替，過去林產利用雖以木材爲主，而今日林產利用却以材質爲主，因是木頭竹屑，昔日認爲無用之物，而今却變爲重要原料，誠林產利用史上之一大轉變也。

一、何謂木材：木材就是木本植物的根幹枝剝去外皮之部分，木材在植物分類上歸納起來，不外下列三類：

1. 裸子植物類（Gymnosperms）如松柏類銀杏檜紅豆杉等

2. 被子植物類（Angiosperms）

　　A單子葉植物（Monocotyledons）竹椰子棕櫚等

　　B雙子葉植物（Dicotyledons）楊柳楓樟桑櫟槭等

3. 隱花植物（Kryptogamen）桫欏

以上除裸子類與被子類，產生主要木材以外，隱花植物材部，殆無利用之價值，目前在木材利用上，應用最廣而爲量最大者，要以松柏類及雙子葉類木材爲最重要。

二、木材利用之分類：昔日林產利用，按林產物之種類，而分爲主產利用，與副產利用，今日之分類，則按其利用之情況，而分爲物理的利用與化學的利用，因是木材利用種類，可別之如次：

1. 木材利用之形態：卽根幹枝等，僅變此形態而利用。

　　A性質不變：建築土木器具等，僅變木材的形態，多爲普通用材，此乃物理的利用。

　　B性質一部變化：利用木材形態時，因爲補正性質上之缺點，常與以化學變化，

# 木材利用上之防腐問題

森林系 朱會芳

現在世界各國，木材之消費，日益增高，不但建築土木及燃料，需要木材，即造紙乾餾人造絲炭等各種工業，亦均以木材爲主要原料，因是更促進木材之消費。

從來木材輸出之國家，例如奧匈俄國芬蘭瑞典那威及加拿大，雖具有豐富天然林，而大半消費超過生產，他若林業最進步之德國，因爲工業極度發達，其每年生長量，竟不足以自給，反爲木材最大輸入國，此外英法比荷蘭瑞士意大利，無一不仰求外材，卽以森林豐富之美國而論，每年製紙及纖維工業原料，猶自給困難，過半仰求於外國，至於我國，對於森林，雖提倡有人，而泛未達人類技術經營之途，且原生林分布不勻，故每年所需木材及以木材製成之工業原料，亦不得不仰求外國。

是故世界各國，鑒於過去幾百年所蓄積之森林，因年年採利用，生產不足敵其消費，爲保持工業原料計，爲防備未來木材缺乏之恐慌，逐相率研究木材節用方法，藉以減低巨量之消費，是誠爲國家爲人類社會謀永遠幸福之一重要對策也。現在歐美各國，對於木材防腐，銳意研究，

其防腐事業，在木材工業上占重要之位置，試觀世界木材防腐工廠，約有四百五十餘所，其中美占三分之一，一經伐採，則破壞之急劇減低，故受害木材之耐久性與健全木材相較，殆無顯著之差別。一，其他各國占十五分之四，英德占五分之一，且那威羅馬尼亞及美國，猶有增加之傾向，足徵木材防腐利用上是一種重要工業，木材雖逐漸減少，而由防腐方法，可以延長數倍耐久年限，是卽與增加數倍木材之收入，同一意義。

木材在使用之中，受害最大而最普遍者，莫過於腐朽，腐朽是由於菌類破壞植物細胞膜所生之現象，菌類大部由極細菌系集合，形成菌系體，菌系因爲自身生長，逐漸溶解細胞膜壁，而侵入木材內任何方向，又菌系體，亦往往成爲革狀物質，現於木材表面，尤以水濕腐朽材，發育此其生長，根據美國林業試驗所 Humphrey 氏試驗，五〇種木材菌類之中，未有超過攝氏四二度而能生存者，故依人工乾燥方法，繼續維持高溫，則木材中一切菌類，可使之完全消滅。

菌類危害生活樹體者，稱爲活物寄生，僅危害伐倒木材，稱爲死物寄生，寄生在生活樹本之菌類，一經伐採，則破壞，故受害木材之耐久性與健全木材相較，殆無顯著之差別。

木材菌類侵害木材最著者，爲家菌赤腐菌及白腐菌等。此種菌類生活，與其他高等植物相同，須有良好環境，始能發育，所謂良好環境者，卽具有一定溫熱空氣溫度及養料四要素，茲將此四要素與其生活之關係，申述之如次：

一，溫熱　在低溫之時，菌類生長，極不活潑，遇到急劇寒氣，胞子或菌絲體，悉以滅亡，然亦不得超過適當高溫，如乾燥菌，雖超過適當溫度四一八度，則阻

此種菌系體，在木材內部充分發達之後，如遇適當環境，則木材表面，發生結實體，由是產生數百萬顯微胞子，隨風飛散，一旦附着於木材濕潤表面，或侵入乾燥裂罅中，逐卽行發芽，開始破壞作用。若菌類倘未形成胞子，由菌系亦得由一種之木坑及電柱，因爲空氣不充足，腐朽之

二，空氣　完全排除空氣之木材，耐久力很大，故在濕土或粘重土中，所設置之木坑及電柱，因爲空氣不充足，腐朽之進行極緩慢。

樹木及木材內部，其細胞中含有充分空氣，菌類藉生活而繁殖，故生活樹木之心材，往往比邊材容易腐朽，是卽邊材細胞充滿水分而心材含有充分空氣之故也，蓋以心材具有橡皮質樹脂單甯以及其他物質滲透細胞膜防止菌類侵入也。至於邊材，因含有砂糖澱粉及蛋白質，故易誘致菌類侵入，此外其有多數填充細胞之木材，因填充細胞，閉塞導管，爲機械障礙物，亦可防止菌類侵入。其他浸漬或浮游於水中之木材，恆不易腐朽，蓋以木材內外之水分，防止菌類急劇發達，亦可防止菌類生活上必要之空氣也。

三、濕氣　濕氣爲木材腐朽之要件，普通木材腐朽，大都含二〇%以上之水分，雖有菌類，（如乾腐菌）僅需少量之水分，而其所要之量，亦常在二〇%左右，一般建築物，爲防備發生腐朽，故加高基礎之位置，或安置基石，以免與地面濕氣接觸。

四、養分　木朽腐朽菌之食料，主爲細胞膜，但因菌類，有僅好木質（Lignin）而殘留白色纖維塊者，有完全破壞木材纖維者，凡遭菌害之木材，細胞膜很薄，并有多數菌系貫通其中，且發生酵素分泌物，溶解細胞膜，而形成化合物，因是菌類得以營養而更行繁殖。

木材除受腐朽菌侵害外，尚有黴菌，黴菌發生部分，大部限於木材表面，凡乾燥不充分之木材，尤以邊材最易生黴，此種黴菌，雖不至引起腐朽作用，影響木材強度，而木材常因黴菌存全，腐朽亦易侵入，故黴菌顯著發育之處，亦容易腐朽。

如上所述，木材腐朽，必須具備溫熱濕度及養分等四要件，然此四要件之中，溫熱與空氣之調節，雖比較困難，而含濕度并養分，得由人類適當改變之，關於防腐處理方法，不外下列三種。

一、乾燥法　一般木材腐朽，至少須有二〇%水分，所以完全天然乾燥及人工乾燥之木材，得在二〇%以下之含水狀態，得防止腐朽作用。

若木材一度受腐朽菌傳染以後，雖空氣乾燥，而菌類仍繼續生存，保持休止狀態，一旦接受充分濕氣，途可以開始活動。木材對於腐朽之抵抗能力，有強弱之差，例如我國黃花松圓柏有耐久能力，而楊柳楓楊等，則容易腐朽，同一種木材，且在同一條件之下，耐久能力，亦有差別，通常木材之心材邊材抵抗腐朽之能力大，縱使依人工乾燥溫度，使木材腐朽菌全部消滅，但是吸收水分以後，新菌類還可以侵入，因此在濕地設置之枕木電柱及木坑，雖施乾燥，而一經吸收地中濕氣，仍不免腐朽，所以木材乾燥方法，與木材耐久力，似無顯著之效能。

二、塗刷
塗刷原是我國固有防腐方法，卽當木材乾燥後，完全塗刷，以防止急速腐朽，通用塗料，爲一種膠油（Coal tar creosote）混合防腐劑，但未乾燥木材，或塗刷不完全，或塗後發生乾裂，一旦吸收濕氣，害菌猶得侵入。

美國 Montana 地方，對於松材，有一種特殊處理法，卽在伐木之前，剝去樹皮，使松脂盡量流出，被覆材體表面，經數月乾燥，待松脂硬固，再行伐採，其兩端截面，更塗以塔兒，如是處理之木材，可保二十年之耐久力。

三、近代防腐處理法
普通木材防腐上所使用之藥劑，大別爲兩種。

第一、可溶性防腐劑，可溶性防腐劑中，應用最廣者爲綠化亞鉛，美國一九二六年，使用固形綠化亞鉛，達二四、七七七、〇二〇磅，次之爲硫酸銅，一名丹礬，是一種毒性藥劑，溶解性雖大，而溶液注入木材後，亦易流出，但其價格低廉，設備簡單，且處理材外觀清潔，所以現在各國，猶有使用者。再次之爲綠化第二水銀，又名昇汞，藥品中最有毒性之一種，比硫酸銅溶解性雖小，而注入木材後，流出亦少，祇因毒性大，所以處理上須特別注意。

第二、油性防腐劑，油性防腐劑，種類很多，而現在最適用者，爲膠油（Tarreosote）是一種石炭乾餾之副產物，爲防腐劑中最良之藥劑，處理旣無危險，在木材防腐上有充分殺菌力，亦不侵蝕鐵器，以上爲木材防腐上所應用之藥劑，茲再逑處理方法，關於最近防腐處理手續，有兩種主要法則。

一、無壓法，無壓法，卽塗付法，不得使用可溶性藥劑，木材更須充分乾燥，木材愈乾燥，藥劑滲入愈深，則乾裂之發生愈難。

木材當塗付時，欲使藥劑與材面易於接觸，則藥劑應加熱至攝氏九〇－一一〇度，且應在溫暖天氣施行，每次塗付，須施行二次，第一次完全乾燥後，再行一次。

此法爲無壓法之一種，比較改良而通用者爲開槽法，將處理木材全部或一部，淩於攝八〇－一二〇度油槽中，淩淩一至數時，然後迅將木材移入常溫油槽中，材中空氣膨脹，水分蒸發成泡狀浮出，而移入常溫油槽中，則空氣收縮，油被木材吸收，此比他法要。

二、加壓法，此乃憑藉壓力注入防腐劑，爲最有效之方法，通常用一注入罐，例如電柱，悉可應用加壓法，防腐劑滲入木材最深，亦得應用枕木鋪木及其他用材，徑六－九呎長五〇－一八〇呎，其主要特點，效力最大，且未經乾燥之木材，此法處理之。

美國通用加壓法，爲英人John Bethell所發明之方法，對於空氣乾燥材注入之際，初須排除罐內之空氣，由三〇分至數時間，又生材最初須數小時排氣，次由蒸氣加熱，再行排去水分，最後將膠油導入罐中，加熱至攝氏八〇－九〇度，用一〇〇－一八〇磅壓力加壓，若是則油劑得直接壓入木材細胞內部，其次爲C. B. Lowry方法，Lowry法與Bethell法類似，唯不施行前排氣，當施行後排氣時，材中空氣得將膨脹過剩之油劑，排除木材外。

此法設備甚簡，費用低廉，工作迅速，只施行前排氣，而不施行後排氣，所用藥劑爲綠化亞鉛，其濃度通常每立方呎含二分之一磅綠化亞鉛。

此外Card方法，使用八〇％綠化亞鉛與二〇％膠油（Creosote）混合劑，其又Burnett方法，與Lowry法不同部，吸收量每一立方呎六－一〇磅。

近來應用最廣而有效之藥劑，爲膠油（Creosote）水溶性防腐鹽類，有減少之趨勢，至於注入方法，各國微有不同，在英法兩國多用充細胞法，注入多量藥劑，其他歐洲各國，槪用空細胞法，節省藥劑，此外美國不但用充細胞法與空細胞法，更有用油類罐注入法。處理方法，與Bethell法相同。

現在防腐木材主要用途，第一爲枕木，次爲電柱礦山支柱及海中用材，亦須經相當防腐處理，原木壽命恆增高二倍，得保持三四十年壽命，更有海中用材，因食船虫侵害，若注入防腐劑，得達一五或二〇年以上之耐久力。

我國鐵道上所用枕木，除固有黃花松、紅松杉木及外來紅道木，得延長十年以上，其他枕木，殆不到八年，卽須更換，按照我國鐵道總長一萬三千餘公里以上，所用枕木當不下一千八百三十七萬根，若是所按八年更換一次，平均每年須更換二百三十餘萬根，此外不獨直接浪費木材，且間接使國家經濟上受莫大之損失。

# 中國造紙事業與原料木材

朱會芳

紙爲表現文明之具。與一國之人文進化之關係。至重且大。總理有言「一切人類大事皆以印刷紀述之。一切人類智識皆以印刷蓄積之。故此爲文明一大因子。世界諸民族文明之進步。每以其每年出版物之多少衡量之。」又云「欲印刷事業低廉倘須同時設立其他輔助工業。其最重要者爲紙工業」觀此紙之生產。誠爲吾國之重要事業。而其原料木材之供給。更爲吾林業界之一大問題焉。夫今日世界造紙原料之主產地。殆以北半球溫帶林爲限。如瑞典、挪威、芬蘭、及加拿大等爲主要輸出國。其他德、美、兩國雖爲主要之製紙國家。而其所用之原料。尚須轉求于他國。如美國紙之生產額。乃以其消費量過之半。其原料殆由加拿大及其他國家輸入。非其原料木材不足以自給。而全國木材之蓄積巨。唯恐日後供給不足而預爲綢繆也。返觀吾國素以地大物博自豪。實堪浩嘆。更試檢海關貿易冊。每年輸入我國之紙類。不下二千餘萬兩之巨額。言念及此。金錢外溢。何可勝計。由是觀之。今後吾國人民對於此種問題宜如何彌補。是爲急須研究之問題也。

一、造紙事業之沿革

我國古時結繩紀事。刻石爲書。用縑帛以代紙。至後漢和帝時。始有桂陽人蔡倫發明造紙術。利用蘇絮破布爲原料。此爲我國製紙之嚆矢。嗣後東傳于朝鮮及日本。日本聖德太子。乃學造紙之術。乃爲後來之濫觴。又當第八世紀阿剌伯人亦由我國學得造紙方法。至十一世紀逐侵入歐洲。設紙廠於西班牙之 Valenzia。日求精進。荷蘭更有洪紙機器之發明。且皆利用木料爲造紙原料。於是希臘及西班牙人乃起造紙事業。後逐普及歐州各國。此後意人對於造紙方法。却有落後之現象。以致產額日增。當前清光緒十七年李氏鴻章。有感於此。逐於上海創設綸章造紙廠。開吾國機器造紙之事業。其次尚有龍華造紙廠。濼源造紙公司。香港則有大成機器造紙公司。重慶則有富川紙廠、悉在清末相繼成立。至官辦之紙廠中。規模宏大設備完全者。以廣東官紙印刷局、白沙洲造紙廠、漢口財政造紙廠、爲最著。惜乎停辦久矣。民元以來。先後成立者。亦復多。如廣東江門造紙廠、江蘇江南造紙廠、華盛紙版公司、杭州武林造紙公司、傺杭振興公司、黃岩光華工廠、青山造林廠、大成造紙公司、古林與華造紙公司、安徽造紙廠、四川樂利公司、貴州榮記紙廠等。此皆利用機器以造林者也。然其規模不大。產量有限。且其品質不加講求。不足與舶來品相頡頏。以致今日所用之紙。又由外洋輸入。且其消費額有逐年增加之勢。據民國十八年海關冊報告。輸入之數已達華銀三千四百二十四萬六千兩。此爲吾國人所當注意者也。

二、中國造林事業在國際間之位置

近百年來。文化日進。印刷事業發達。所以紙之產量。亦隨之供增。茲錄世界紙之生產額比較表如次。

6.其他

1.世界 2.美國 3.德國 4.英國 5.加拿大

111

# 竹材造紙原料之檢討

森林系　朱會方

紙為表現文化之工具，對於一國人文進化，關係非常重大，由其消費量之多寡，可以觀察一國文化程度之高低。

現在世界各國紙之產量，依德國經濟統計部發表，（一九三二）約在二〇〇〇萬噸以上，與一九〇〇年僅約五〇〇萬噸相較，其增高額殆逾四倍。

我國紙之產量與消費，猶無精確數字可稽，若就輸入數量而論，宣統元年輸入價格，為三〇六、四八六兩，至民國二十四年已增高至二八、七一七、九二三金單位（合國幣五三、一二四、八〇〇），經過二十七年間，紙之消費幾增至一七三倍，至于本紙最低數量，當亦在洋紙消費數量之上，是故紙之生產，在今日之中國，誠為重要工業，而製紙應用之原料，更為目前之一重大問題。

當今世界纖維製造，大半仰求於木材，占重要位置，此種原料，在造紙關係上，可別為四大區域：

1. 美及加拿大　美與加拿大，雖有豐富之原生林，但因過伐及火災，逐使蓄積頓呈激減之傾向，據加拿大森林局長 R.D. Craig 氏推定，加拿大森林原料木材，今後不滿三十年，將感受恐慌，更有世界製紙家 Loud Rothermere 氏，謂現存重要原料材，而將感不足者，首推纖維材。

2. 北歐寒帶森林　北歐寒帶森林，近世界製紙家原料材，亦有過伐之現象。

3. 中歐　中歐幾全為人工，木材之消費雖大，而以經營合法，將無顯著之增減。

4. 西比尼亞及我國東三省森林　林區幅員廣大，蘊藏亦豐，且富於製紙樹種，為一有力之給源。

綜察以上四大區域，原料材之生產，不敵其消費者，殆過半數，且將來人口增加，木材用途愈廣，則纖維原料將陷於恐慌地步，雖然科學之研究，確無止境，可由蒸煮法之改良，使用他種針葉樹材或闊葉樹材，或處理其不良性質而解決此種原料問題，固未可限量也，第就中國實際林業狀況而論，認為最有希望者，當推竹材，夫竹材製紙，經諸家研究，已可多量產生之可能性，而此種紙料，在我國中南部製紙上，尤有重大之關係，茲將其製紙原料材，而將感不足者，首推纖維存重要原料材。

第一、中國竹林現狀及其發展之可能

竹為亞洲之特殊產物，在中國分布最廣而產量最富者，有下列之種別：

| 竹名 | 屬名 | 種名 |
|---|---|---|
| 毛竹〔俗名江南竹〕 | Phyllostachys | edulis |
| 淡竹 | Phyllostachys | puberula |
| 水竹 | 〃 | Congesta |
| 石竹 | 〃 | lithophila |
| 紫竹 | 〃 | nigra |
| 啨雞竹〔又名旱竹〕 | 〃 | sp. |
| 筱竹 | 〃 | sp. |
| 茨竹 | Bambusa | arundinacea |
| 刺竹 | 〃 | stenaslachys |
| 絲竹 | 〃 | Oldhami |
| 鳳尾竹 | 〃 | nana |
| 茶稈竹 | Arundinaria | amabilis |
| 四方竹 | Chimonobambusa | Quadrangularis |
| 籠 | Dendrocalamus | latiflorus |

我國竹林分布，概在暖熱帶區域，除黃河以北各省，殆無處不可以產竹，尤以長江與珠江流域為著，總計產竹區域，有十八省之多，其分布之情形略如下。

1. 浙江省：浙東為金衢嚴各縣及寧波，浙西為臨安於潛孝豐武康安吉等縣，在造紙關係上，可別為四大區域：

2. 江蘇省：以宜興與溧陽為主產區，次

為無錫武進金壇吳縣。

3.江西省：產竹區域甚廣，以萬載宜豐宜春等縣最盛，餘如廣平貴溪南安南昌等亦多產竹。

4.安徽省：以婺源休寧績溪涇縣產竹最盛，此外宣城廣德郎溪當塗亦產之，及東南各縣。

5.湖北省：產竹區域，多沿漢水流域，及東南各縣。

6.湖南省：以瀏陽湘鄉寶慶三縣為產竹最多之區。

7.四川省：以夾江銅縣合川廣安產竹最盛。

8.福建省：產竹最盛區域，為閩江一帶，及連城龍巖漳平甯洋泉州等縣。

9.廣西省：廣西竹林，分布於南甯容縣扶南思樂明江等縣。

10.廣東省：為竹林分布最廣之省分，殆遍處有之。

11.貴州省：本省竹林多在南部，如與義南籠貞豐開嶺與仁安南普安等縣。

12.陝西省：以秦嶺最多，次西安漢中及與安等縣亦產之。

13.河南省：多在信陽以南，省北已非竹林自然繁殖區域。

14.雲南省：產竹最廣者，多在省之東南部。

上述各省以外，因冬季嚴寒，氣候乾燥，不適于竹之生產，然就產竹區而論，竹林可得繁殖之面積，頗為廣大，且竹之設立，得連年作業者，僅四五年間事耳。若加以人類技術之經營，使成為集團存在，尤以河流區域，促其繁殖，則將來出產之竹料，必為世界最低價之紙料。

第二、採取紙料竹材之要點

竹材紙料之優劣，固依竹種（稈徑之大小、稈肉之厚薄）纖維含量、及理化學性質（硬度之高低及蒸煮時抵抗能力之大小）而異，然由機械與化學之處理如何，亦生顯著之差異，普通採取製紙用之竹材所應注意者有三：

1.年齡　一般竹材伐採年齡，概以當年發生之幼竹，誠為製紙所用竹料，但竹林不克連年繼續生產，是以欲謀連年作業，必須施行擇伐，採取四五年生產者為宜。

2.部分　製紙竹料，要以竹稈之無枝材附着之部分為尚，是故製紙目的所設之竹材，必須密植，枝材愈着生幹之上部，則竹材之利用率愈大。

3.伐期　凡欲圖竹林之更新，則伐期隨更新期而定，若與更新無關時，則須選採後得直接處理黴菌蟲害最適當之時期，

普通選擇晚秋至冬間伐採，然伐期除品質問題以外，還受經濟之支配，故實際上伐採當時，猶須考慮經濟的情況。

第三、竹材製紙之特徵

竹材製紙之特徵，其主要者有次之四項：

1.竹材生長迅速　現在製紙原料，雖以木材為第一位，而木材與竹材相比，其生長速率，當以竹材佔優勢，竹材雖因種類，而利有遲早之差，然大都二年生至三年生，則可以充分利用，就生長率而論，木材遠不如竹材。

2.竹材材料清潔　木材具有樹皮為造紙上之一大障礙，無論用亞硫酸法或用蘇打法，必先以人工或機械去皮，此為工作上最要之階段，此外木材往往因樹脂枝節等存在，蒸煮困難，而竹材則不然。竹材雖由運搬及處理，外皮附着泥土，第以竹皮滑澤，從貯藏地引入工場，以水洗機易於洗落，且乾燥時，亦易自行脫落。

3.竹材纖維素含有量　竹材纖維素含有量，歷來研究之結果雖多，而因種類年齡部分伐採期產地等，恆不一致，大概占有量，與木材相較，幾無顯著之差別，均為中等纖維素含量，根據中央研究院唐燿源氏試驗，毛竹五三、氣乾試料四五—五五%

六％麗水桂竹五五、二％餘杭苦竹四六、四％淡竹四六、一％，又據台灣加納瓦全氏試驗，台灣產桂五〇％，刺竹蔗竹四七％孟宗竹四二％，其他紙料，如桑皮六六％至於磨敗，又易招穿孔蟲蝕害，不能作上稻藁四六％，總之木材與竹材概爲中等纖維含量之紙料。

四、竹材纖維之形態及品質　一般良好紙料，纖維長與寬之比要大，亞蔴爲一八〇〇倍，而木材很低，平均只七五倍，根據日本宇都氏實驗，桂竹一五〇倍，刺竹一三四倍，綠竹一二八倍，均高於木材，故竹材纖維，比木材顯著優良。

此外纖維素之品質，全纖維亦由α及β三種纖維素而成，α纖維素，當蒸煮及漂白時對於加水分釋抖養化作用，均有極強之抵抗能力，β纖維素之抵抗能力薄弱，至γ纖維素，幾全無抵抗力，在蒸煮中其變爲易於保存之狀態，在印度抖種甸地方，竹材藉筏流運輸，使以沈浸水中，經一週後，抖印度產竹材全纖維素中，依Ralit氏研究，α纖維素佔八五％，又據唐蘿源氏研究，毛竹佔八七％哺鷄竹八六、六％淡竹八二、四％，更據加納瓦全氏實驗，台灣主要竹材，平均八〇％，以纖維品質而論，竹材尚估優勢。

第四、竹材製紙之難點製紙技術與經濟有同樣之關係，技術

不良，勢必惹起經濟之不良結果，關於製爲細小竹片，再經蒸煮煩雜之手續，此爲來所用方法，即截斷長材，除去竹節，成竹材製紙之一難點。然近有採取較簡方法，即用壓潰法。（Crushing Process）可以免却從前之煩雜工作，具全材六—一五％之節部，可以利用，更當蒸煮時，材中空氣與藥劑交換，僅一五分鐘完結，原料容易吸收蒸煮液，若與前法二小時相較於機械之處理方法，猶有研究改良之必要。

1.竹材易招黴蟲之危害　竹材伐採後，若不充分乾燥而貯藏，則易生黴菌，以至於磨敗，又易招穿孔蟲蝕害，不能作上等纖維紙料，然此種微生物，與蟲類危害之程度，隨竹種年齡部分及伐期等而不一致。

近據日本白澤氏研究，在九月中旬以後伐採，輒不受蟲害，蓋以蟲類產卵後無再蝕害竹材作產卵場所之必要也。

一般竹材生黴與蟲蝕之原因，主由化學成分而起，例如以輕養化鈉液蒸煮，抽出材中水液性成分，抖阿爾里可液性成分，與蟲類之營養物，此即除去生黴之原因，然實際上恆由水濾(Leaching)方法，使其變爲易於保存之狀態，在印度抖種甸地方，竹材藉筏流運輸，使以沈浸水中，經一週後，即可達保持健全之目的，至若陸運之竹材，須經數週間浸於水中，始足使竹桿蟲類消滅及抽出成蟲食料之澱粉，（水中洗滌材只含澱粉五％未洗滌材澱粉含量達一二％）得保持數

二、機械處理之困難　竹材不適於機械的纖維製造，而化學的纖維製造，依歷

3.漂白困難　竹材纖維素，以其理化學之性質觀察，雖爲上等紙料，而從來製紙上最大障礙，厥爲漂白，漂白不得法，往往發生不良之結果，曩者對于竹材漂白之困難，抖着眼於被覆木質，乃用急激蒸煮法，抖實施漂白，唯急烈蒸煮，必須消費多量鈉質，又因高溫，促進纖維加水分解，惹起纖維質之損失，且當漂白時，減少養化抵抗之作用，此不但漂白費大，而

蒸煮，但此法之唯一缺點，在原料材太長而蒸煮罐容重減低，普通蒸煮時，一噸占一〇〇立方呎，而破碎細裁竹片一噸須占一七〇立方呎，故欲增加竹材製紙利益，對

纖維質與量，均顯著低降，此近來之研究，漂白困難之原因，而昂貴，第近來之研究，漂白困難之原因，而少養化抵抗之作用，此不但漂白費大，而

則時間顯著縮短，結果全原材得均一之

不在被覆木質，而在多量含有之五炭糖類（Pectin）及澱粉，蓋五炭糖類蒸煮期與鈉質結合而形成暗褐色或黑棕色之粘性溶液也，且此溶液，一旦被纖維吸收，即固着于纖維之上，形似染色，頗不易消滅，苟以過量漂白粉，施行漂白，則有害於纖維，一般漂白所用之漂白粉，多則占料重二〇%少亦須一二%。

故竹料紙料之技術與經濟之最難點，即為漂白，然此問題，各方現正從事研究，將來必有達解決之一日，

第五、竹材纖維研究之今昔

我國晉代，卽起始以竹製紙，惜迄今仍沿用舊法，殊鮮闡明，除本紙伺堪供一般用途外，近代印刷用紙，幾全仰給於外洋。

查國外研究竹材製紙最早者，當在一八七〇年以英人 Routledge 氏為嚆矢，唯當時所用之竹料，只限於生後四—六個月幼材，生產有限，殊無工業發展之可能，且彼時木纖維工業勃與，而竹材製紙研究，遂至於埋沒，此後一九〇〇—一九〇四年，緬甸政府感覺竹材利用之重要，委任 R. W. Sindall 氏從事於竹材製紙之研究，然其研究之結果，對於漂白問題，終未達到經濟限度內之成功，同時一九〇二年 W. Raitt 氏，亦致力於竹材製紙之探討，經二十餘年間，繼續不斷之努力，致製造技術日臻發達，依 Raitt 氏之研究，現在漂白纖維之生產率已達四二%以上。

此外森林經濟學專家 R. S. Pearson 氏，自一九〇九年以來，卽調查印度及緬甸主要竹材之蓄積，在印度西南與緬甸，均有廣大面積，且關於竹種習性更新開花及運輸等問題，悉詳查無遺，此已由 Dehra Dun 森林研究所公諸于世矣。

我國近十數年來，對於竹材之出路，與纖維之需要，甚覺竹材纖維為一有希望之紙料，浙江省政府曾一度調查浙省紙業，著有浙江之紙業，又中央研究院理化研究所，對於製紙技術，亦設置機械專作竹材纖維之研究，此在中國，雖尚屬萌芽時期，苟將來繼續研討，使趨于實用，未始非解決纖維原料之一端也。

結 論

綜上所述，竹材之纖維，按諸理化學之性質，誠屬一種優良紙料，已為人所公認，至若漂白問題，雖為製紙技術上之難點，未能達到有效之解決，據 Raitt 氏之研究，已漸入進步階段，然在我國，猶須考慮者，要在生產最經濟之竹材，欲產生最經濟之竹材，必須竹林廣大集團存在，依 G. S. Witham 氏推測，月產百頓之纖維，繼續使用，必如一六平方哩之竹林，若印度及緬甸，因有蘊藏豐富價值低廉之竹林。為造紙最有利之要件，然返觀吾國種類分布區域雖廣，而為集團之存在者寥罕，是故欲利用竹材造紙，除求適應之種類技術之改善外，尤須在江河流域大地積集團造林，此不僅推廣竹材之用途，解決製紙之原料問題而已，亦且為農村副業與農村復興有甚大之關係也。

★★德 國
★法 蘭 西

| | |
|---|---|
| Picea rubens (red spruce) | 美·加拿大 |
| Picea canadensis | 美·加拿大 |
| Picea excelsa (Norway spruce) | 歐洲 |
| Picea ajanensis | 日本北海道·樺太 |
| Abies balsamea (Balsam fir) | 美·加拿大 |
| Abies grandis (Lauland fir) | 美·加拿大 |
| Abies pectinata (Silver fir) | 歐洲 |
| Abies sacchalinensis | 日本北海道·樺太 |

纸浆原料——芦竹调查

朱惠方

1978 年 6 月 13 日到 7 月 28 日，我们先后到浙江、广西、江苏和上海，就芦竹的种植现状及其发展的潜力作了调查，目的是研究它作为当前济急的和今后长远的造纸原料的可能性和价值。

芦竹在我国引种的范围颇广，南到广西，北到辽宁，但种植较多的还是浙江、江苏两省。浙江 68 个县、市中，绝大多数产芦竹，40 个县交售芦秆，造纸厂有使用的习惯，扩种的潜力很大。广西过去曾在梧州、南宁等地种植过，全境江河纵横，河崖、堤塘、渠道、水库众多，可发展的潜力极大。江苏芦竹较浙江少些，但自然条件和发展潜力与浙江极相似。沪郊零产芦竹虽多，但群众自需量多，可种植的土地不多，发展的潜力有限。

芦竹大多数种植在海塘、江塘的堤坡上。我们在沪杭公路沿线海宁县境内，沿着钱塘江驱车奔驰了 50 公里，眺望郁郁葱葱的芦竹，象一道绿色的长城，随着海塘绵延不断。在 8 到 10 米宽的堤塘内坡上密集丛生的芦秆，六月末每丛就已抽秆六十多根，秆高已 3 米多了。按照海宁红江公社亩产 3.5 吨、每公里种植 12 亩估计，仅这一段就能产秆 2100 吨，可造纸 425 吨。我们在上虞县曹娥江和兰溪县兰江江塘上看到的芦竹，翠绿的芦秆一根挨一根，粗的秆径已 2 厘米以上，长势正旺。江塘由于两坡都可种植，单位面积产量较海塘约大一倍的样子。除上述种植在堤塘上的以外，丽水、桐庐、富阳、湖州等地还有种植在滩地、岸坡、沟边和房前屋后的，这一类由于土地条件不同，生产有好有差，产量也不完全相同。

芦竹不仅种、管、收极为省工，而且它的经济收益比较

芦竹不仅种、管、收极为省工，而且它的经济收益比较高。第一年种植时每亩只需十多个工；以后几年内不用中耕，只要每年秋冬收割时每亩花 15 个工左右就够了。如能采用机械收割打捆，用工量还会大大减少。它的经济收入，据上虞县联江公社的调查，1.2 公里塘上的芦竹，1972 年收秆近 138 万斤，加上卖种根，芦叶的编织品和芦花编的扫把，平均每公里收入 5000 多元，每米合 5 元多。这一年该公社仅芦竹收入，平均每户为 29.7 元，平均每人为 6.3 元。

我们在浙江省沿着钱塘江、曹娥江和瓯江等水系作过调查，它们的中下游都有堤塘。据 1973 年统计，全省江、海堤塘共长 620 多公里。全省平均塘高以 3.5 米计算，坡宽两边各为 7 米，每公里塘坝土地面积有 21 亩，除去三分之一海塘外坡不计（有些海塘外坡上半部也种芦竹）。堤塘的土地面积约 10 万亩。加上滩地、岸坡、沟边、房前屋后的土地面积 10 万亩以上，全省可种植的总面积共有 20 万亩多。现在全省芦竹面积大约仅有 3 万亩，可扩种的土地还有 16 万亩之多。如果这些土地都种芦竹，每亩产秆 4 吨。就能提供造纸原料 48 万吨，可增产纸张约 10 万吨。浙江省计划 1985 年前围涂 1000 万亩，每年还可增加种植芦竹的土地面积 15000 到 20000 亩。江苏省的江、海堤塘长约 6000 公里，水系多、水网密度大，与浙江比较，滩地、岸坡这一类土地面积可能还要大些，种芦竹的潜力也可能比浙江大些。

温州造纸厂日产纸 8 吨，新的生产线建成后，可提高到 14 吨。它用的原料主要是稻麦草，也用芒秆、芦苇等等。目前我国这类小型造纸厂大多数采用这些原料。这些小厂的产量占全国用纸百分之三十左右。我们不妨把这几种原料的来源和发展趋势与芦竹比较一下：稻麦草在推广水稻矮秆品种和供作制造沼气的燃料等使用后，产量下降并将继续下降；芒秆生长零散，砍收费工，产销距离远，陆运费用昂贵，来源

312

和数量难以保证；芦苇由于种种原因产量也在逐年下降，砍收也费工。因此，在来源的稳定性和就地供应的可能性方面三者均不及芦竹。再就制浆所用化工原料的多少、得率高低和纸的质量作比较，芦竹耗碱量大、得率低、成本高，似乎是当前推广使用的一个难题。但最近南京林产工业学院林产化工系和西德威斯公司造纸机械研究室的实验报告都表明：芦竹在耗碱量和得率方面与其他几种原料比较，具有耗碱量低、得率高的优点。再从纸的质量看，芦竹混以百分之十到二十木浆生产的书写印刷纸，胜于其他原料同比例生产的同类纸。西德用半化学浆制的包装用纸，用化学浆制的文化用纸，具有足够的强度、易漂白、光洁度好等优点。最后，芦竹每年单位面积产量平均为3吨，高的可达5吨，后一数值按目前的得率可制浆1吨，按国外的得率可制浆1.25吨。这一得浆量不仅高于多年生的竹、木、而且也高于一年生的稻麦草、芒秆和芦苇，甚至高达几倍。因此，从原料的几个主要造纸指标衡量，可以肯定芦竹是高产、优质的造纸原料。

总之，芦竹作为造纸原料在各方面都显示了它的优越，特别是当前造纸原料严重不足的情况下，它可以起到济急的作用。芦竹是一种喜温但也耐干旱的作物，它的适生范围大致在淮河以南、南岭以北——苏、皖、浙、赣、湘、鄂诸省。在这个广大区域的沿河川地带，都宜种植。一些科教部门如浙江农学院等已开始或即将开始有关芦竹的研究，选题有：种的选优、提高产量、防治白蚁虫害等等。这次我们与浙、桂两省区制定了短期扩种和试种计划，正在顺利执行中。

从造纸业的发展趋势看，在发展芦竹作为一种良好应急

*313*

对策的同时，还要积极建立速生人工林专用基地。当然，即使以后木材供应充足，由于芦竹种、管、收简便，用途广，它仍不失为一种好的农副产品和造纸的补充原料。

*314*

第9卷　第4期　　　　　　　林 业 科 学　　　　　　　Vol. 9, No. 4
1964 年 10 月　　　　　　　SCIENTIA　SILVAE　　　　　October, 1964

# 国产33种竹材制浆应用上
# 纤維形态結构的研究

朱惠方　　腰希申
（中国林业科学研究院木材工业研究所）

## 提　　要

　　本篇就中国习見 33 种竹材的纤維形态结构，进行比較观測和分級，以判别纤維原料质量之高低；同时測定組織分子的比量和基本密度，亦为評定其是否适于經济利用的关键性問題，此于制浆工业及竹种推广繁殖，均具有重要意义。

　　综合分析結果，33 竹材纤維平均长为 2.5 毫米，平均寬为 13 微米，其长寬平均值，介于針叶树材与闊叶树材之間，但其寬远不及針叶树材，因是竹材纤維特别纤細，此可以从长寬比的数值显示出来。竹材长寬比在 115—290 之間，尤以 150 以上者居多数。竹材壁厚腔径比，均大于 1，这对于制浆时不同壁厚浆粕配合率有极重要参考价值。此外竹材纤維比量，因竹种不同，虽有高低，然都在 30% 以上。根据这些指标，按照制浆要求将 33 种竹材分为四級，以供作制浆时抉择竹种的有力依据。

## 緒　　言

　　竹材种类繁多，以亚洲为主产地，而中国尤居亚洲之首位，约有 150 余种、多分布于我国西南和东南一带，为一种重要的工业原料[1,2,3a,3b]。

　　竹材在中国除了用作建筑、傢具及其他日常工艺品外，一向为我国主要造纸原料。远在公元 256 年，西晉已用嫩竹造纸（晉初郭恭乂广志），至唐四川竹制紙张业已馳名于世。然近代竹材制浆研究，当首推 Routledge (1870)，繼之为 Sindall (1900)，惜未能在生产上取得成就；最后 1902—1919 年 Raitt 經 16 年的不断钻研，終于完成其制造工艺并提高生产率[4a]。我国近三十年来，亦曾致力于竹材制浆的研究，初由唐燿源（1932）从事蒸解及韌力的研究[5]，自此以后，随生产需要，尤以结合造纸工业方面的研究，更加发展。

　　竹材由于生长迅速，三年生即可充分利用；纤維素含量高[6]，一般在 45—55%；纤維形态中长寬比，亦大于木材芦藁；且竹林設立后，得行連年作业，实为我国极有希望的纤維原料，可以弥补木材之不足。

　　竹材虽可充作纤維原料，但非一切竹种，都是最适合、最經济的工业原料。本项研究目的，乃就我国主要竹种的纤維形态结构进行比較观測和分級，以判别纤維原料質量之高低。纤維形态结构，固为纤維原料評价的重要依据，与竹浆质量极有密切关系；而其构成分子的比量和基本密度，亦为評定其是否适于經济利用的关键性問題，此于制浆工业以及

---

　　本文于 1964 年 6 月 30 日收到。

竹种推广繁殖，均具有重要意义。

## 一、竹材纤维形态的一般[1]

竹材除皮层和中空髓腔外（但木竹例外），概由维管束和基本组织组成。秆壁横切面上典型维管束的构造，由多数筛管的韧皮部及由两个大形的纹孔导管（pitted vessel）和一些管胞［因竹种不同，有 1—2 个环纹管胞（annular tracheid），亦有 1—2 对螺旋纹管胞（spiral tracheid）］所组成的木质部而成。

维管束在基本组织中，呈不规则的散在状分布，外部密而内部疏，相应的外部小而内部大；其四侧具有或多或少极强韧的韧维羣，形成维管束鞘；亦有脱离维管束而呈偶发性的独立韧维羣（见图版 II: 10）。维管束的大小形状，随竹种和部位而变异。

一般秆壁横切面外缘，往往发现不完全的维管束，并具较大的韧维羣，有时竟形成纤维束；愈向秆壁内部，韧维羣愈缩小，换言之，维管束愈小，韧维羣反而加大。韧皮纤维在维管束中占绝大部分，此亦为纤维原料中所要探讨的主要目的物。

又秆壁外部，虽亦由厚壁细胞组成，而非真木纤维，是一种厚壁的基本组织，由于硅化和壁厚，硬度因而增加，及至秆壁内部，则细胞大而壁薄，形成薄壁细胞的基本组织。

竹材纤维形状，有为肥厚而短，有为狭长形。其两端概呈针状或为钝圆，有时一端分裂为二，具单纹孔或裂隙状纹孔，内腔有时具有横膜，厚壁纤维外部，亦常具薄的膜质鞘。纤维壁厚与其内腔因竹种和部位不同而有差异。由其壁的厚薄，可分为管型与带型两种：前者壁厚而富有硅酸；后者宽而壁薄。管型纤维细胞或长或短，皮层大部系由前一种纤维所组成。竹材导管分子，比纤维显著宽大，具有与长轴横向排列的狭长纹孔。以上为竹纤维常见的一般特征，亦是竹材识别的重要依据（见图版 I: 1—9；图版 II: 10—16；图版 III: 1—9）。

竹材属单子叶类植物，无形成层[2]，仅具有有限维管束，不复形成新的木质部和韧皮部，因而不能实行次生直径生长。但从幼小时期长粗逐渐增大，只不过增加初生的基本组织和维管束的容积而已。

## 二、试材种类及取样

本试验主要目的，在于判别不同种类竹材的纤维形态结构，以求出适合于制浆的纤维原料竹种。因此，试材不仅以产量最多、分布最广的竹种为选定目标，对能代表一种优良特征的竹种，亦选作比较，借以提供造林和制浆工业上抉择竹种的科学依据。兹就已经观测之种类，列表于次（表 1）。

各种试材，系结合化学试验，同时进行采集。就生育良好而健全的竹秆，选取 3—5 株，并以其具有代表性的一株，用作解剖和纤维形态试料。

竹材纤维形态，随竹材种类不同，同一竹种，亦因年龄部位生育环境等而有变异。为了便于进行不同竹种的比较观测，从竹秆胸高以上的部位，截取 5 厘米高的竹环，用作试

---

1) 本节参考引用文献 4b, 7d, 8, 9, 10 各条。
2) 单子叶类龙血树（*Dracaena* sp.）发育早期具有形成层轮，由该层分裂，产生基本组织和独立的维管束而行直径生长。

问林探木　树木树人
纪念朱惠方先生诞辰120周年

表 1　试材一般記录

| 实验室编号 | 竹名（中名） | 种名（学名） | 分　布 | 年龄 | 秆高（米） | 直径（厘米） | 采集地 | 地况 | 生育别 | 地下茎 | 秆茎 |
|---|---|---|---|---|---|---|---|---|---|---|---|
| 1. B 26 | 茶秆竹 | Pseudosasa amabilis (McClure) Keng f. | 湖南及粤、桂边境的綏江流域 | 3 | 10.8 | 4.1 | 广东怀集县 | 山坡浅谷 | 野生 | 复轴 | 生 |
| 2. B 18 | 矢竹 | Pseudosasa japonica (Sieb. et Zucc.) Nak. | 长江流域各省，苏、浙、皖、黔 | 3 | 2.4 | 1.3 | 上海 | 平原 | 栽培 | 复轴 | 轴 |
| 3. B 11 | 苦竹 | Pleioblastus amarus (Keng) Keng f. | 长江流域各省，苏、浙、皖、西至川、滇、黔 | 3 | 7.0 | 2.9 | 浙江杭州闲林埠长子坪 | 山谷 | 半野生 | 复轴 | 轴 |
| 4. B 48 | 箭竹 | Sinarundinaria nitida (Mitf.) Nak. | 川、滇、鄂、黔等省 | | 3.7 | 1.2 | 四川南川金佛生林场 | 高山浅谷 | 野生 | | 生 |
| 5. B 24 | 马蹄竹 | Bambusa lapidea McClure | 两广地区 | 4 | 8.7 | 3.5 | 广东清远县洲心社 | 平原 | 栽培 | 合轴 | 轴 |
| 6. B 12 | 孝顺竹 | Bambusa multiplex (Lour.) Raeusch. | 西部及西南各省 | | 4.3 | 1.7 | 浙江农业大学 | 平原 | 栽培 | 合轴 | 轴 |
| 7. B 22 | 撑篙竹 | Bambusa pervariabilis McClure | 广东 | 4 | 9.6 | 3.6 | 广东清远县洲心社 | 山坡下部 | 野生 | 合轴 | 散 |
| 8. B 47 | 硬头黄竹 | Bambusa rigida Keng & Keng f. | 四川嘉陵江及广东珠江下游 | 2 | 8.2 | 3.1 | 四川江安城关 | 平原 | 栽培 | 合轴 | 轴 |
| 9. B 45 | 蒯簕竹 | Bambusa sinospinosa McClure | 长江流域及粤、桂、川、黔等省 | 5 | 13.0 | 8.4 | 四川江安城关 | 平原 | 栽培 | 合轴 | 丛生 |
| 10. B 19 | 青皮竹 | Bambusa textilis McClure | 广东、广西 | 3 | 10.0 | 4.0 | 广东清远县笔架林场 | 山麓溪畔 | 野生 | 合轴 | 轴 |
| 11. B 21 | 单竹 | Lingnania cerosissima McClure | 粤、桂、川、黔等 | 3 | 9.9 | 3.8 | 广州中山大学竹园 | 山麓 | 野生 | 合轴 | 轴 |
| 12. B 31 | 粉单竹 | Lingnania chungii McClure | 湘、粤、桂及海南岛等 | 3 | 9.7 | 5.4 | 广州中山大学竹园 | 平原 | 栽培 | 合轴 | 轴 |
| 13. B 46 | 慈竹 | Sinocalamus affinis (Rendle) McClure | 川、黔、滇、桂、湘、鄂及陕南等地 | 3 | 7.0 | 3.1 | 四川江安城关 | 平原 | 栽培 | 合轴 | 丛生 |
| 14. B 41 | 料慈竹 | Sinocalamus distegius Keng & Keng f. | 四川特产 | | 9.0 | 3.9 | 四川江安怡乐瀾池 | 山坡 | 野生 | 合轴 | 生 |
| 15. B 20 | 麻竹 | Sinocalamus latiflorus (Munro) McClure | 滇、黔、粤、桂、闽及台湾、港南岛等 | 4 | 9.7 | 5.5 | 广东清远县笔架林场 | 山坡 | 半野生 | 合轴 | 丛生 |

122

表 1（续）

| 实验室编号 | 中名 | 学名 | 分布 | 年龄 | 秆高(米) | 直径(厘米) | 采集地 | 地况 | 生育别 | 地下茎 | 秆生 |
|---|---|---|---|---|---|---|---|---|---|---|---|
| 16. B 23 | 吊丝竹 | Sinocalamus minor McClure | 粤、桂地区 | 3 | 9.0 | 4.2 | 广东清远县笔架林场 | 山谷溪畔 | 野生 | 合轴 | |
| 17. B 16 | 绿竹 | Sinocalamus oldhami McClure | 闽、浙、粤、桂及海南岛等 | 2 | 7.3 | 4.7 | 浙江温州江心寺 | 江心洲 | 栽培 | 合轴 | |
| 18. B 30 | 壮竹 | Dendrocalamus strictus (Roxb.) Nees | 云南 | 4 | 9.6 | 3.4 | 广州中山大学竹园 | 平原 | 栽培 | 合轴 | |
| 19. B 29 | 沙罗单竹 | Schizostachyum Junghomii McClure | 两广西江流域 | 3 | 7.5 | 5.6 | 广州中山大学竹园 | 平原 | 栽培 | 合轴 | |
| 20. B 32 | 山骨罗竹 | Schizostachyum hainanense Merr. ex McClure | 海南岛 | | 20.0 | | 海南岛吊罗山 | 低山坡 | 野生 | | 丛生攀援 |
| 21. B 36 | 葱箭竹 | Schizostachyum pseudolima McClure | 广东、海南岛等地区 | | 10.0 | 0.9 | 海南岛尖峰岭 | 低山坡 | 野生 | | 丛生 |
| 22. B 28 | 茄子竹 | Semiarundinaria henryi McClure | 苏、浙、闽、粤、桂及台湾等省 | 3 | 3.9 | 1.4 | 广州中山大学竹园 | 平原 | 栽培 | 复轴 | |
| 23. B 15 | 方竹 | Chimonobambusa quadrangularis (Fenzi) McClure | | | 1.8 | 1.0 | 杭州浙江农业大学 | 平原 | 栽培 | 复轴 | |
| 24. B 51 | 金佛山方竹 | Chimonobambusa utilis (Keng) Keng f. | 川甫 | 3 | 8.7 | 3.4 | 四川南川金佛山林场 | 深山峡谷 | 野生 | | 散生 |
| 25. B 42 | 筹竹 | Chimonobambusa mormurea Mak. | 四川 | | 4.6 | 1.6 | 四川长宁刀岭林场 | 山间溪畔 | 野生 | | 散生 |
| 26. B 56 | 石竹 | Phyllostachys angusta McClure | 浙江 | | 4.1 | 1.3 | 浙江临安西天目老殿 | 山坡 | 野生 | | 散生 |
| 27. B 58 | 木竹 | Phyllostachys angusta McClure c. v. solidistem | 浙江 | | 2.9 | 1.2 | 浙江临安西天目老殿 | 山坡 | 野生 | | 散生 |
| 28. B 2 | 刚竹 | Phyllostachys bambusoides Sieb. & Zucc. | 长江流域及山东、河南等地 | 4 | 10.0 | 5.7 | 浙江德清莫干山三鹭坪 | 山谷 | 半野生 | 单轴 | 散生 |
| 29. B 43 | 水竹 | Phyllostachys congesta Rendle | 长江流域及两广等地 | | 4.9 | 1.5 | 四川长宁林场 | 山坡台地 | 野生 | | 散生 |
| 30. B 4 | 淡竹 | Phyllostachys nigra var. henonis (Mitf.) Stapf. ex Rendle | 长江流域等省 | 2 | 7.6 | 3.8 | 浙江德清莫干山三鹭坪 | 山腹 | 半野生 | 单轴 | |
| 31. B 1 | 毛竹 | Phyllostachys pubescens Mazel ex H. de Lehaie | 长江流域等省 | 4 | 11.0 | 7.5 | 浙江德清莫干山竹林 | 山腹 | 半野生 | 单轴 | |
| 32. B 57 | 雅毛竹 | Phyllostachys viridiglaucescens (Carr.) A. & C. Rivière | 浙江 | | 2.7 | 1.0 | 浙江临安西天目老殿 | 山坡 | 野生 | | 散生 |
| 33. B 6 | 密竹 | Shibataea chinensis Nak. | 苏、浙、皖等省 | | 1.0 | 0.3 | 浙江德清莫干山庆村 | 溪畔 | 野生 | 复轴 | 散生 |

注：竹秆直径以竹秆目高为准。

样材料。

## 三、試　驗　方　法

将取得的每一竹环，首先用游尺测定各个方向的平均稈壁厚度，然后分别准备下列试样：

1. 离析試样：在竹环肤沟相对方向的两点，分甲乙两个断面，各依半径方向分别内中外三部削成竹片，15—20 毫米高，2—3 毫米见方；然后将甲乙两断面所得内中外三部的试片，分别混合，即得该竹环内中外三部的三种平均試样。每一試样，当排除空气后，用 Jeffrey 氏硝酸铬酸法[7a,11]进行离析，以充临时观测用，亦可制成封固切片标本。

从每一試样离析材料，测定纤维长宽各 100 次，并求其长宽比。

2. 切片試样：按竹环稈壁厚度截取宽约 0.6 厘米，长约 1.5 厘米的竹块，依 Kisser 氏蒸汽法[12,13]进行纵切和横切；其中横切，由于观测组织分子排列状况和比量，尽可能包括竹环的内中外三个完整部分，制成封固切片标本。在纵切面上，观测导管分子尺度；而在横切面上，一方面测定内中外三部的纤维壁厚（双重壁厚 $2W$）和胞腔直径（$l$）各 90 次，并求出壁厚腔径比（$2W/l$）[7b,14]，另一方面利用显微鏡投射放大并摄影，用求积仪测出各类细胞所占比率[15]。

根据纤维长宽壁腔径等平均值的均方差，以求其相应的变异系数。

又于横切面上测定维管束密度，即竹稈横切面上单位面积内的维管束数（个数/毫米²），分别由内向外测定，其形状大小和配列，常随竹种及稈壁厚度而异。

此外由竹环不同方向，依稈壁厚度截取宽约 1 厘米、长约 2 厘米的竹块，测定基本密度，并得出基本密度与纤维胞壁厚度相关的关系。

## 四、試　驗　結　果

1. 导管分子和韧皮纤维长宽及其壁厚与腔径等，根据实测结果，分别得出纤维尺度的大小范围、平均数值、长宽比、壁厚腔径比及其变异系数[16]；又每一竹材的维管束密度，系由外向内分别测定，所得出的平均密度，以及各竹材的基本密度等，均见于表 2。

2. 从各种竹材的长宽度，按长宽级配置（长级间隔 0.5 毫米；宽级间隔 2 微米），得出长宽[1)]的频率和分布表[7c]，并依此求出纤维长的频率和分布曲綫图（见表 3，图 1：1—33）。

3. 纤维长宽与稈壁半径方向的部位关系[17]，依据内中外三部分别观测的结果，得出各种竹材半径方向纤维长宽差异图（见图 2）。

4. 所有試样的纤维长宽和长宽比，按总平均值得出对比曲綫图[18,19]，如图 3 所示。

5. 纤维壁厚与基本密度相关的图解，见图 4。

6. 各竹种主要组织，占其体积百分率，依实测所得之平均比例，如表 4 所示。

---

1) 宽的频率和分布，因实际应用意义少，从略。

### 表3 竹材纤维长的分布和频率

| 竹种 | 项目 | 0.0–0.5 | 0.5–1.0 | 1.0–1.5 | 1.5–2.0 | 2.0–2.5 | 2.5–3.0 | 3.0–3.5 | 3.5–4.0 | 4.0–4.5 | 4.5–5.0 | 5.0–5.5 |
|---|---|---|---|---|---|---|---|---|---|---|---|---|
| 1.茶秆竹 | 频率% |  |  |  | 7.40 | 25.93 | 32.29 | 20.87 | 11.77 | 1.34 |  |  |
|  | 分布% |  |  |  | 4.95 | 19.69 | 31.29 | 23.62 | 25.40 | 4.05 |  |  |
| 2.矢竹 | 频率% |  | 3.00 | 22.50 | 27.00 | 29.50 | 15.50 | 2.50 |  |  |  |  |
|  | 分布% |  | 1.31 | 14.15 | 24.57 | 33.64 | 21.36 | 3.99 |  |  |  |  |
| 3.苦竹 | 频率% |  | 0.33 | 15.67 | 25.34 | 31.66 | 19.67 | 5.67 | 1.67 |  |  |  |
|  | 分布% |  | 0.14 | 10.03 | 20.55 | 34.42 | 23.35 | 8.59 | 2.92 |  |  |  |
| 4.箭竹 | 频率% |  |  | 4.67 | 34.33 | 28.00 | 24.33 | 6.00 | 2.33 |  |  |  |
|  | 分布% |  |  | 2.90 | 27.44 | 27.65 | 29.19 | 8.34 | 3.78 |  |  |  |
| 5.馬蹄竹 | 频率% |  |  | 0.33 | 18.67 | 47.67 | 26.67 | 6.33 | 0.34 |  |  |  |
|  | 分布% |  |  | 0.20 | 14.58 | 48.24 | 27.82 | 8.40 | 0.50 |  |  |  |
| 6.孝顺竹 | 频率% |  | 1.33 | 17.00 | 21.67 | 27.01 | 26.00 | 5.67 | 1.00 |  |  |  |
|  | 分布% |  | 0.55 | 10.32 | 17.60 | 28.04 | 32.88 | 8.32 | 2.27 |  |  |  |
| 7.撐篙竹 | 频率% |  |  | 1.00 | 28.33 | 37.33 | 25.00 | 6.99 | 0.33 |  |  |  |
|  | 分布% |  |  | 0.62 | 22.31 | 35.96 | 29.39 | 9.43 | 0.53 |  |  |  |
| 8.硬头黄 | 频率% |  |  | 9.67 | 39.99 | 33.00 | 15.00 | 2.34 |  |  |  |  |
|  | 分布% |  |  | 6.53 | 33.19 | 36.09 | 19.58 | 3.59 |  |  |  |  |
| 9.鏘榔竹 | 频率% |  |  |  | 22.67 | 34.33 | 29.34 | 11.67 | 2.00 |  |  |  |
|  | 分布% |  |  |  | 17.22 | 31.60 | 32.87 | 15.31 | 3.03 |  |  |  |
| 10.青皮竹 | 频率% |  |  |  | 3.67 | 14.66 | 34.33 | 27.67 | 11.00 | 5.34 | 3.00 |  |
|  | 分布% |  |  |  | 2.17 | 11.21 | 31.27 | 29.27 | 13.58 | 7.31 | 4.66 |  |
| 11.单竹 | 频率% |  |  | 0.67 | 15.66 | 35.33 | 23.00 | 14.67 | 7.00 | 2.67 | 1.00 |  |
|  | 分布% |  |  | 0.35 | 10.89 | 30.57 | 24.06 | 18.26 | 9.89 | 4.22 | 1.77 |  |
| 12.粉单竹 | 频率% |  |  |  | 14.66 | 25.67 | 24.67 | 14.34 | 10.33 | 6.33 | 4.00 |  |
|  | 分布% |  |  |  | 9.45 | 20.26 | 23.85 | 16.05 | 13.55 | 9.71 | 6.57 |  |
| 13.慈竹 | 频率% |  |  |  | 12.67 | 28.67 | 31.99 | 14.99 | 8.34 | 3.00 | 0.34 |  |
|  | 分布% |  |  |  | 9.16 | 24.04 | 32.24 | 17.91 | 11.50 | 4.62 | 0.56 |  |
| 14.料慈竹 | 频率% |  |  | 0.33 | 10.34 | 30.67 | 33.33 | 19.34 | 4.67 | 1.33 |  |  |
|  | 分布% |  |  | 0.18 | 7.09 | 25.53 | 36.00 | 22.87 | 6.29 | 2.03 |  |  |
| 15.麻竹 | 频率% |  |  | 0.33 | 3.00 | 25.33 | 36.00 | 21.66 | 11.01 | 2.67 |  |  |
|  | 分布% |  |  | 0.20 | 1.98 | 20.49 | 35.03 | 24.40 | 14.06 | 3.86 |  |  |
| 16.吊絲竹 | 频率% |  |  |  | 6.33 | 26.67 | 29.00 | 17.33 | 13.00 | 5.00 | 2.00 | 0.33 |
|  | 分布% |  |  |  | 4.06 | 21.04 | 27.31 | 19.16 | 16.72 | 7.30 | 3.20 | 0.62 |
| 17.绿竹 | 频率% |  | 0.66 | 9.67 | 18.67 | 24.34 | 24.00 | 13.33 | 5.67 | 2.33 |  |  |
|  | 分布% |  | 0.21 | 5.26 | 13.83 | 22.21 | 27.07 | 17.22 | 8.69 | 3.99 |  |  |
| 18.牡竹 | 频率% |  |  | 1.00 | 10.67 | 24.67 | 30.01 | 19.00 | 11.33 | 2.33 | 1.00 |  |
|  | 分布% |  |  | 0.47 | 7.05 | 20.17 | 29.59 | 22.09 | 14.15 | 4.06 | 1.70 |  |

表 3（續）

| 竹种＼项目 | 长级(毫米) | 0.0\|0.5 | 0.5\|1.0 | 1.0\|1.5 | 1.5\|2.0 | 2.0\|2.5 | 2.5\|3.0 | 3.0\|3.5 | 3.5\|4.0 | 4.0\|4.5 | 4.5\|5.0 | 5.0\|5.5 |
|---|---|---|---|---|---|---|---|---|---|---|---|---|
| 19.沙罗单竹 | 頻率% | | | | 5.99 | 26.99 | 31.33 | 23.00 | 10.66 | 1.67 | 0.33 | |
| | 分布% | | | | 3.95 | 22.01 | 30.64 | 26.39 | 13.99 | 2.50 | 0.54 | |
| 20.山骨罗竹 | 頻率% | | | 0.33 | 5.33 | 17.00 | 20.67 | 20.34 | 19.00 | 12.00 | 5.00 | 0.33 |
| | 分布% | | | 0.16 | 3.10 | 12.36 | 17.97 | 23.75 | 18.99 | 15.78 | 7.52 | 0.54 |
| 21.慈箣竹 | 頻率% | | | 0.67 | 12.33 | 32.00 | 31.67 | 15.01 | 7.33 | 1.00 | | |
| | 分布% | | | 0.37 | 8.52 | 27.98 | 33.14 | 18.24 | 9.20 | 1.56 | | |
| 22.茄子竹 | 頻率% | | | 2.50 | 30.50 | 43.50 | 17.00 | 5.00 | | | | |
| | 分布% | | | 1.65 | 24.56 | 44.12 | 23.58 | 5.60 | | | | |
| 23.方　竹 | 頻率% | | 5.00 | 37.50 | 42.00 | 15.50 | 0.50 | | | | | |
| | 分布% | | 2.78 | 30.91 | 45.06 | 20.41 | 0.83 | | | | | |
| 24.金佛山方竹 | 頻率% | | | 6.33 | 29.67 | 31.66 | 27.34 | 4.00 | 1.00 | | | |
| | 分布% | | | 3.62 | 24.03 | 31.76 | 32.95 | 5.81 | 1.69 | | | |
| 25.寒　竹 | 頻率% | | | 0.33 | 24.34 | 35.99 | 28.67 | 9.34 | 1.32 | | | |
| | 分布% | | | 0.20 | 19.02 | 33.80 | 32.73 | 12.54 | 2.05 | | | |
| 26.石　竹 | 頻率% | | | 12.34 | 41.00 | 29.99 | 12.67 | 3.00 | 1.00 | | | |
| | 分布% | | | 9.58 | 34.55 | 35.38 | 14.08 | 4.65 | 1.76 | | | |
| 27.木　竹 | 頻率% | | | 9.33 | 48.00 | 31.00 | 8.67 | 2.66 | | | | |
| | 分布% | | | 6.40 | 42.67 | 34.39 | 11.74 | 4.29 | | | | |
| 28.刚　竹 | 頻率% | | 3.33 | 16.33 | 22.00 | 32.00 | 16.34 | 7.67 | 2.33 | 0.33 | | |
| | 分布% | | 1.44 | 9.77 | 18.40 | 33.61 | 20.83 | 11.47 | 3.92 | 0.63 | | |
| 29.水　竹 | 頻率% | | | 1.33 | 21.33 | 27.01 | 33.00 | 13.67 | 3.66 | | | |
| | 分布% | | | 0.74 | 15.60 | 24.54 | 36.00 | 17.01 | 5.17 | | | |
| 30.淡　竹 | 頻率% | | 1.33 | 16.34 | 22.67 | 36.67 | 19.01 | 3.67 | 0.66 | | | |
| | 分布% | | 0.51 | 10.26 | 18.75 | 38.87 | 24.03 | 6.22 | 0.61 | | | |
| 31.毛　竹 | 頻率% | | 2.66 | 15.33 | 19.00 | 28.66 | 20.34 | 9.33 | 3.67 | 1.00 | | |
| | 分布% | | 1.06 | 9.41 | 14.45 | 28.66 | 24.54 | 13.30 | 6.74 | 1.84 | | |
| 32.鸡毛竹 | 頻率% | | | 7.00 | 37.00 | 33.67 | 16.34 | 3.67 | 0.33 | | | |
| | 分布% | | | 5.99 | 29.38 | 36.77 | 20.24 | 7.06 | 0.55 | | | |
| 33.倭　竹 | 頻率% | | 7.00 | 29.00 | 26.50 | 19.00 | 11.50 | 4.50 | 2.00 | 0.50 | | |
| | 分布% | | 3.34 | 19.97 | 24.79 | 22.49 | 16.60 | 7.78 | 3.87 | 1.17 | | |

## 五、討　論

### （一）导管分子

　　导管分子在竹浆中，所占比量极少。导管分子平均长随各竹种而异，由 0.51（牡竹）—1.01（青皮竹）毫米，而 0.7—0.8 毫米，几占所有试材的半数，比一般闊叶树材导管都长。按国际木材解剖学会规定[20]，竹材导管分子概属于中等以上的长度[21]。兹就本试验竹种，分

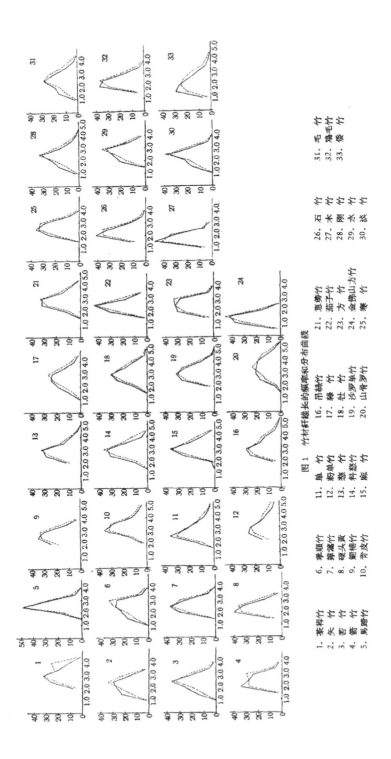

图 1　竹材纤维长的频率和分布曲线

| | | |
|---|---|---|
| 1. 棻样竹 | 11. 単 竹 | 21. 慈孝竹 |
| 2. 矢 竹 | 12. 粉単竹 | 22. 茄子竹 |
| 3. 苦 竹 | 13. 慈 竹 | 23. 方 竹 |
| 4. 箭 竹 | 14. 料慈竹 | 24. 金佛山方竹 |
| 5. 馬蹄竹 | 15. 麻 竹 | 25. 筹 竹 |
| 6. 李順竹 | 16. 吊絲竹 | 26. 石 竹 |
| 7. 撐籙竹 | 17. 稂 竹 | 27. 木 竹 |
| 8. 硬头黄 | 18. 壮 竹 | 28. 剛 竹 |
| 9. 刿糖竹 | 19. 沙罗単竹 | 29. 水 竹 |
| 10. 青皮竹 | 20. 山骨罗竹 | 30. 淡 竹 |
| | | 31. 毛 竹 |
| | | 32. 雅毛竹 |
| | | 33. 篌篌竹 |

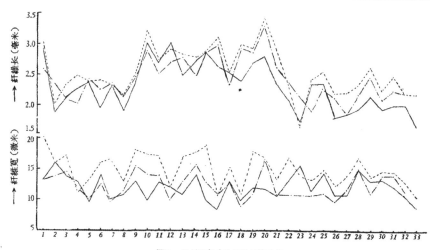

图2　竹材半径方向纤维长宽差异

——— 稈壁外部　　　- - - - 稈壁中部　　　-·-·- 稈壁内部

| 1.茶秆竹 | 7.撑篙竹 | 13.慈竹 | 19.沙罗单竹 | 25.寒竹 | 31.毛竹 |
|---|---|---|---|---|---|
| 2.矢竹 | 8.硬头黄 | 14.料慈竹 | 20.山骨罗竹 | 26.石竹 | 32.鸡毛竹 |
| 3.苦竹 | 9.箘橱竹 | 15.廓竹 | 21.慈箩竹 | 27.木竹 | 33.倭竹 |
| 4.箭竹 | 10.青皮竹 | 16.吊絲竹 | 22.茄子竹 | 28.刚竹 | |
| 5.馬蹄竹 | 11.单竹 | 17.綠竹 | 23.方竹 | 29.水竹 | |
| 6.孝順竹 | 12.粉单竹 | 18.牡竹 | 24.金佛山方竹 | 30.淡竹 | |

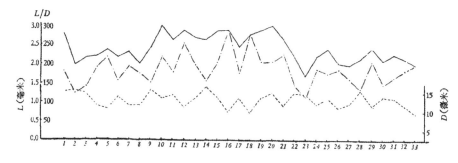

图3　各种竹材纤维长宽及长宽比曲线

——— 纤維长　　　- - - - 纤維宽　　　-·-·- 长宽比

| 1.茶秆竹 | 7.撑篙竹 | 13.慈竹 | 19.沙罗单竹 | 25.寒竹 | 31.毛竹 |
|---|---|---|---|---|---|
| 2.矢竹 | 8.硬头黄 | 14.料慈竹 | 20.山骨罗竹 | 26.石竹 | 32.鸡毛竹 |
| 3.苦竹 | 9.箘橱竹 | 15.廓竹 | 21.慈箩竹 | 27.木竹 | 33.倭竹 |
| 4.箭竹 | 10.青皮竹 | 16.吊絲竹 | 22.茄子竹 | 28.刚竹 | |
| 5.馬蹄竹 | 11.单竹 | 17.綠竹 | 23.方竹 | 29.水竹 | |
| 6.孝順竹 | 12.粉单竹 | 18.牡竹 | 24.金佛山方竹 | 30.淡竹 | |

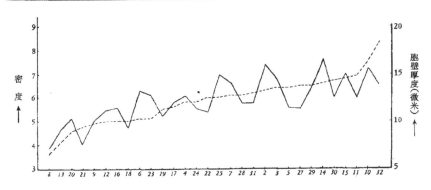

图 4　基本密度与胞壁厚度相关图解

—— 基本密度　　---- 纤维细胞壁厚度

| 8.硬头黄 | 16.吊絲竹 | 4.箭竹 | 31.毛竹 | 14.料慈竹 |
|---|---|---|---|---|
| 13.慈竹 | 18.牡竹 | 24.金佛山方竹 | 2.矢竹 | 30.淡竹 |
| 20.山骨罗竹 | 6.孝顺竹 | 22.茄子竹 | 3.苦竹 | 15.麻竹 |
| 21.慈箩竹 | 23.方竹 | 25.寒竹 | 5.馬蹄竹 | 11.单竹 |
| 9.箣楠竹 | 19.沙罗单竹 | 7.撑篙竹 | 27.木竹 | 10.青皮竹 |
| 12.粉单竹 | 17.綠竹 | 28.刚竹 | 29.水竹 | 32.鸡毛竹 |

表 4　各种组织比量

| 竹　　种 | 组织比量 | | | 竹　　种 | 组织比量 | | |
|---|---|---|---|---|---|---|---|
| | 纤维 % | 导管和原生木质部 % | 筛管及薄壁组织 % | | 纤维 % | 导管和原生木质部 % | 筛管及薄壁组织 % |
| 1. 茶秆竹 | 53.2 | 5.1 | 42.4 | 18. 牡竹 | 39.2 | 5.7 | 55.1 |
| 2. 矢竹 | 48.1 | 2.4 | 49.5 | 19. 沙罗单竹 | 38.4 | 5.2 | 56.5 |
| 3. 苦竹 | 40.6 | 5.2 | 54.2 | 20. 山骨罗竹 | 38.5 | 6.8 | 54.8 |
| 4. 箭竹 | 33.6 | 4.6 | 61.8 | 21. 慈箩竹 | 44.4 | 7.2 | 48.4 |
| 5. 馬蹄竹 | 44.4 | 6.1 | 49.5 | 22. 茄子竹 | 31.4 | 7.8 | 60.8 |
| 6. 孝顺竹 | 29.6 | 4.9 | 66.1 | 23. 方竹 | 39.7 | 4.8 | 55.5 |
| 7. 撑篙竹 | 44.1 | 5.1 | 50.8 | 24. 金佛山方竹 | 43.9 | 4.0 | 52.1 |
| 8. 硬头黄 | 35.4 | 9.0 | 55.6 | 25. 寒竹 | 42.2 | 4.2 | 53.6 |
| 9. 箣楠竹 | 50.9 | 4.9 | 44.7 | 26. 石竹 | 37.8 | 9.8 | 45.0 |
| 10. 青皮竹 | 47.5 | 10.3 | 42.2 | 27. 木竹 | 27.0 | 4.3 | 68.0 |
| 11. 单竹 | 46.8 | 7.2 | 46.0 | 28. 刚竹 | 43.4 | 6.2 | 50.5 |
| 12. 粉单竹 | 42.4 | 8.5 | 49.1 | 29. 水竹 | 38.4 | 5.7 | 55.9 |
| 13. 慈竹 | 47.8 | 5.7 | 46.4 | 30. 淡竹 | 44.3 | 5.4 | 50.3 |
| 14. 料慈竹 | 33.2 | 9.2 | 58.4 | 31. 毛竹 | 31.6 | 5.4 | 63.0 |
| 15. 麻竹 | 37.8 | 4.7 | 57.5 | 32. 鸡毛竹 | 44.5 | 8.6 | 46.9 |
| 16. 吊絲竹 | 43.2 | 5.9 | 50.9 | 33. 倭竹 | 46.2 | 5.1 | 48.7 |
| 17. 綠竹 | 36.8 | 4.9 | 59.3 | | | | |

为三级如次：

| 级　　　　别 | 竹　　　　　　　种 |
| --- | --- |
| I 级（1.00 毫米以上） | 青皮竹 |
| II 级（0.75—0.99 毫米） | 淡竹、单竹、廓竹、箭竹、吊絲竹、慈劳竹、料慈竹、刚竹、毛竹、撑篙竹、木竹、山骨罗竹、苦竹、茄子竹 |
| III 级（0.50—0.74 毫米） | 粉单竹、矢竹、慈竹、沙罗单竹、方竹、金佛山方竹、茶稈竹、綠竹、寒竹、孝順竹、石竹、水竹、馬蹄竹、硬头黄、鸡毛竹、箭楠竹、牡竹 |

导管分子平均长在稈壁半径方向，外部长者甚少，而中部和內部长者居多数，各占 45％。

导管分子平均宽，由最小 41（倭竹）到最大 120（箭楠竹）微米，其間则因各竹种变化不一，而絕大部分在 70 微米以上。稈壁半径方向，以外部宽度最小，中部次之，而內部最大，儿占 90％ 以上。总之导管分子宽度与长度相反，一般小于闊叶树材。

### （二）纤維

竹材纤維属于韌皮纤維，为浆料重要組成部分，其形态结构与浆料質量及紙张强度有密切关系[22]。

1. 纤維长：本試驗 33 种竹材平均长度在 1.70（方竹）—3.19（山骨罗竹）毫米之間，根据国际木材解剖学会規定[20]，竹材属于长纤維（1.60 毫米以上），兹依各竹种平均长度，順序归納为下列三级：

| 级　　　　别 | 竹　　　　　　　种 |
| --- | --- |
| I 级　极长（3.00 毫米以上） | 山骨罗竹、青皮竹 |
| II 级　苷长（2.21—3.00 毫米） | 吊絲竹、粉单竹、廓竹、沙罗单竹、茶稈竹、牡竹、慈竹、料慈竹、慈劳竹、单竹、綠竹、箭楠竹、水竹、寒竹、馬蹄竹、撑篙竹、箭竹、毛竹、金佛山方竹、茄子竹 |
| III 级　长（1.60—2.20 毫米） | 孝順竹、苦竹、刚竹、鸡毛竹、淡竹、硬头黄、石竹、矢竹、木竹、倭竹、方竹 |

纤維长依稈軸位置不同而有变异[17,23]。一般中央部比較大，即从基部开始向中央部逐漸增加，由中央部至梢端，逐漸降低。

纤維长与稈壁半径方向的关系：竹材为无生长輪的禾本科植物，自不能按 Sanio's 基本規律来衡量；但由于稈壁內中外三个部位不同，亦显示一定規律。依本試驗结果，纤維长慨以稈壁中部为大，占試材 88％，內部次之，而外部最小（見图 2 ）。

纤維长为造纸的重要因素，van den Akker, Giertz & Helle 及 Watson & Dadswell[24a,24b] 等已先后闡明其与撕裂强具有决定性的影响；撕裂强随纤維长成相关的直綫上升，反之张力爆破以及耐折等则随纤維长而有一定程度的降低。

2. 纤維宽：竹材纤維宽，不与纤維长成正比例增长，其平均宽度最小为 9.65（倭竹）微米，最大为 16.87（料慈竹）微米，差約 7.22 微米。竹材纤維宽度，其稈軸部位变异与纤维长不同,以根际附近最大,由此向梢端递减[17],在秆壁半径方向,随内中外部位不同;亦显有差异,以中部最大,竟达试材 99%,内部次之,而外部最小。纤维宽本身的变异,差别甚微,对于浆料或纸张特性,均无任何显著影响。

以上纤维长和宽,在秆壁半径方向,几呈同一变异状态,两者概以中部为大,内部次之,外部最小。

3. 纤维长的频率和分布:频率和分布的统计分析,为制浆重要参考资料[7c]。为了提高纸张密度,长短纤维混合比例,为浆料配合率的主要依据;而确定配合率,则纤维长的分布和频率曲线,为最明确的表现方式。就本试验结果观察(见图1: 1—33),其最大频率和最大分布,各竹种不同;大都以 2.0—2.5 长级者居多数,占全部试材 58%,2.5—3.0 者次之,占 33%,而 1.5—2.0 者,只占 9%;最大频率和分布在 30—40% 者,占全部试材 66%,在 40% 以上者占 14%,其不足 30% 者占 20%。

纤维长频率和分布曲线,虽相互平行,而在不同长级间,亦有显示或多或少的起伏,如箭竹、孝顺竹、山骨罗竹、石竹、倭竹等是(见图1: 4, 6, 20, 26, 33)。

此外纤维宽的频率和分布,无实际应用意义。就观察所得,最大频率和最大分布,大多竹种在宽级 12—14 微米,次之为 10—12 微米,又次之为 8—10 微米,反之在 14—18 微米者为最少,如茄子竹、料慈竹、矢竹等是。

4. 纤维长宽比:纤维长宽比愈大,愈为良好材料,几成为一普遍概念。按 33 种竹材纤维长宽比,以吊丝竹最大(290),方竹最小(115),其中在 150 以上者最多,占全部试材 82%。兹依其大小顺序,分为四级如次:

| 级　　　别 | 竹　　　　　　　种 |
| --- | --- |
| Ⅰ 级 (在 250 以上者) | 吊丝竹、牡竹、粉单竹 |
| Ⅱ 级 (在 200 以上者) | 慈箺竹、青皮竹、马蹄竹、山骨罗竹、沙罗单竹、水竹、䈄竹 |
| Ⅲ 级 (在 150 以上者) | 倭竹、慈竹、撑篙竹、箭竹、石竹、鸡毛竹、茶秆竹、单竹、绿竹、硬头黄、篆竹、毛竹、木竹、料慈竹、孝顺竹、箬楠竹 |
| Ⅳ 级 (在 100 以上者) | 淡竹、茄子竹、苦竹、刚竹、矢竹、方竹 |

总观竹材长宽比,概在 100 以上。从秆轴及秆壁半径方向而论,因竹材纤维宽变化不大,故其长宽比,亦以秆壁中部及秆轴中央部为最大。大多竹类,其纤维长宽比,多大于 150,其中尤以吊丝竹为最大。

5. 纤维壁厚腔径比:根据 Muchlsteph 及 Runkel[24b,25,26] 纤维胞壁厚薄,影响于制浆和质量极大。依 33 种竹材实测结果,壁厚大都大于胞腔直径,但亦有极少数,如硬头黄、箬楠竹、慈箺竹等则腔径大于壁厚;胞腔直径最大者为硬头黄(5.77 微米),最小者为倭竹(2.33 微米),然大都在 3—5 微米之间,几占全部试材 73%。至于壁厚,最大者为茶秆竹(10 微米),最小者为硬头黄(3.5 微米),其他大部在 5—7.5 微米之间,占全部试材 69%。

一般厚壁纤维形成组织膨松而多孔的纸张,一方固然具有高度撕裂强,他方张力与爆破反而较低;反之薄壁纤维,则具有高度张力爆破与耐折,而撕裂强反而下降。

又为了达到一定打浆度,以显示较大程度的原纤化作用,厚壁纤维必须延长打浆时間，以致纤維受到破損，产生較多的纤維碎片，因是厚壁纤維比薄壁纤維更受到打浆的不利影响。此外胞壁薄者，不仅提高质量，且縮短打浆时間和节約电力，这对造紙工业更具有經济意义。

竹材纤維的壁厚关系，不在于胞壁絕对厚度的大小，而在于比較厚度；卽Muehlsteph[25]全断面积与胞壁比例，或 Runkel 比率 ($2W/l$)[26]；尤其离析后的纤維成何形状，管型抑带型，更具有決定性重大关系[27]。管型纤維生产多孔而有吸水性能的紙张，反之带型纤維生产組織坚密的紙张；前者粗松，除高度撕裂强度外，其他强度則低。按 Runkel 比率，$2W/l$ 小于 1 或等于 1，为制紙最适合的原料，而竹材壁厚腔径比均大于 1，最大者为矢竹 (6.18)，最小者为硬头黄(1.22)，而以 2—4 者居多数，兹依其大小分类如次：

1. 在 5 以上者有：矢竹、料慈竹、茶稈竹、苦竹；
2. 在 4 以上者有：木竹、麻竹、鸡毛竹、寒竹、倭竹、箭竹、青皮竹、孝順竹；
3. 在 3 以上者有：吊絲竹、撑篙竹、水竹、茄子竹、单竹、方竹、石竹、淡竹；
4. 在 2 以上者有：山骨罗竹、馬蹄竹、刚竹、牡竹、綠竹、沙罗单竹、金佛山方竹、毛竹、粉单竹；
5. 在 1 以上者有：硬头黄、箣楠竹、篲簩竹、慈竹等。

壁厚腔径比对强度特性和纤維壁厚，显示同一相互关系。

### （三）纤維比量

竹材中纤維与其他組織的比量，为原材料经济利用的評价之一。本试驗各种竹材纤維比量，最高为茶稈竹 53.2%，最低为木竹 27.6%，一般以 35—50% 者为多，几占全部试材 76%。导管与原生木质部，最高为青皮竹 10.3%，最低为矢竹 2.4%，大都在 4—5% 左右。此外篩管及薄壁組織，在各組織中比例較高，其中木竹 68.0%，青皮竹 42.2%，其他以 40—60% 为最多，占 85%。从多数实测结果，竹材薄壁組織比量，一般均大于纤維組織比量(見表 4 )。

兹就纤維組織比量的大小，分为四级如次：

| 级　　　　別 | 竹　　　　　　　　　　种 |
| --- | --- |
| Ⅰ 级（50% 以上者） | 箣楠竹、茶稈竹 |
| Ⅱ 级（40—50% 者） | 苦竹、寒竹、粉单竹、吊絲竹、刚竹、金佛山方竹、撑篙竹、淡竹、篲簩竹、馬蹄竹、鸡毛竹、倭竹、单竹、青皮竹、慈竹、矢竹 |
| Ⅲ 级（30—40% 者） | 茄子竹、毛竹、料慈竹、箭竹、硬头黄、綠竹、石竹、瓑竹、沙罗单竹、水竹、山骨罗竹、牡竹、方竹 |
| Ⅳ 级（20—30% 者） | 木竹、孝順竹 |

### （四）基本密度

基本密度随各竹种而异，其大小依稈壁厚度、維管束密度、纤維比量、以及纤維胞壁厚度等而发生变异，其中以胞壁厚度与基本密度的相互关系最为显著。本试驗 33 种竹材最大为 0.83（鸡毛竹），最小为 0.36（硬头黄），大都在 0.4—0.7 之間，尤以 0.5—0.6 者居多数占 70%。兹按其基本密度大小，分为五级如次：

| 級　　　別 | 竹　　　　　种 |
|---|---|
| I 级 (在 0.4 以下者) | 硬头黄 |
| II 级 (在 0.4—0.5 者) | 慈竹、山骨罗竹、慈箐竹、箭楠竹 |
| III 级 (在 0.5—0.65 者) | 牡竹、吊綠竹、粉单竹、方竹、孝順竹、沙罗单竹、綠竹、箭竹、金佛山方竹、寒竹、茄子竹、撑篙竹、刚竹、毛竹、矢竹、苦竹、馬蹄竹 |
| IV 级 (在 0.65—0.80 者) | 木竹、水竹、料慈竹、淡竹、麻竹、单竹、倭竹、茶稈竹、石竹、青皮竹 |
| V 级 (在 0.80 以上者) | 鸡毛竹 |

由于纖維胞壁厚度和基本密度具有一定的相互关系，細胞壁厚度比較差別可以从基本密度的数值估測。一般細胞壁厚与基本密度的密切关系，除极少数竹种，如倭竹、茶稈竹、石竹等，显示波动外（是否因硅酸細胞关系，尚待証实），其他絕大部分竹种，其基本密度，慨随壁厚增加而有上升的傾向（图 4）。

某些著者特別强調基本密度为最重要因素[28,23]，猷为基本密度大，表示单位容积内纖維含量高，同时蒸解得率大；也就是說，得率因密度大小而升降。但得率在制浆方面，仅为考慮因子之一，更重要的还有纖維类型和成型状态。

一般由基本密度，可以判断新原料为制浆目的的适合性，而实际上密度低的原料，往往产生一切較高强度的纸张。因此任何新原料，基本密度若超过一定程度，将受到不利影响。

## 結　論

总观上述观測和分析结果，可得結論如次：

本試驗 33 种竹材纖維平均长为 2.5 毫米，平均宽为 13 微米。其长度平均值，介于針叶树材（一般針叶树材 3—4 毫米）与闊叶树材（除水青树、昆栏树等无孔材具有突出长度外，一般为 1.4 毫米左右）之間，而与針叶树材极相近；但其宽度远不及針叶树材（平均约 35 微米），且次于闊叶树材（平均约 24 微米）；因是竹材平均纖維长，虽仅次于針叶树材，而以其宽度极小，所以纖維特別纖細，此可从长宽比数值显示出来。竹材纖維长宽比在 115—290 之間，尤以 150 以上者居多数（見表 2），而針叶树材尚不滿 100，闊叶树材更小。

其次，33 种竹材的壁厚腔径比均大于 1，此在制浆和造纸工业上頗为引人注意的問題。一般薄壁纖維易于形成扁平带型而坚密的纸张，反之制造膨松纸张，以厚壁纖維配合比例大，则更为有利。总之，纸张强度要求，基于纸的用途如何，而确定厚壁与薄壁的适当配合率。

再次，纖維比量大小，为竹材經济利用的重要因素。竹材属于被子植物中单子叶类，与仅由 90% 以上的管胞所組成的針叶树材显然不同，除纖維外，尚含有导管及多量薄壁細胞。根据 Runkel 判断，由于用温和蒸解方法及防止冲失，而使一定量薄壁組織保存，亦可提高纸张强度。总之竹材和闊叶树材一样，纖維組織比量，至少要在 30% 以上。

此外基本密度，除組織比量外，显示竹材的实質絕对值。其密度小者，不仅于运輸不利，且影响于蒸解容器的装载量，同时以同量蒸煮液而得率少。然密度大小与壁厚有相互关系，薄壁带型纤维，易于原纤化，而厚壁管型纤维，可以造成强度大的纸张，两者互有优劣。

竹材作为纤维原料的特性，不同于其机械工艺的用途，故其利用价值的判断，不仅在于纤维长宽比与其组织比量，且其壁厚腔径比与基本密度，亦为重要参考资料。根据这些因子，33 种竹材在制浆应用上按优劣顺序，分为下列四级：

第 1 级　硬头黄、箭楠竹、筥筹竹、慈竹、山骨罗竹、马蹄竹、刚竹、牡竹、绿竹、沙罗单竹、金竹、毛竹、粉单竹。

第 2 级　吊丝竹、撑篙竹、水竹、茄子竹、单竹、方竹、石竹、淡竹。

第 3 级　麻竹、寒竹、青皮竹、箭竹。

第 4 级　孝顺竹、倭竹、鸡毛竹、木竹、苦竹、茶秆竹、料慈竹、矢竹。

综上所述，纤维形态特征和基本密度，虽不能完全替代制浆和浆料鉴定的研究，但应视为探求新原料的重要指标，对制浆工业却具有重要意义。

## 参　考　文　献

[ 1 ] 陈　嵘，1953：造林学各论——竹材篇。567—625。
[ 2 ] 温太辉，1957：竹类经营。中国林业出版社，9—75。
[3a] 耿伯介，1948：中国竹类植物志略。研究专刊第 8 号，中央林业实验所。
[3b] ————：中国主要竹类植物名录并中国竹类植物分属检索表。建筑技术研究所。
[ 4 ] Raitt, W., 1931: The Digestion of Grasses and Bamboo for Paper-making, a. pp. 7—14; b. pp. 108—110.
[ 5 ] 唐燿源，1932：中国竹纸料之蒸解及其韧力之研究。集刊第九号，中央研究院化学研究所。
[ 6 ] 李新时，1963：浙江广东产 8 种竹材的化学成分。中国林业科学研究院木材工业研究所，森工 (63) 4。
[ 7 ] Freund, Hugo., 1951: Handbuch der Mikroskopie in der Technik. a. Bd. V, Teil 1, S. 150—158; b. Bd. V, Teil 1, S. 158—161; c. Bd. V, Teil 2, S. 558—562; d. Bd. V, Teil 2. S. 621.
[ 8 ] Tobler-Wolff, F. u. G., 1951: Mikroskopische Untersuchung pflanzlicher Faserstoffe. S. 136—138.
[ 9 ] Carpenter, C. H., 1952: 91 Paper Making Fibres, College of Forestry at Syracuse, N. Y. State University, U. S. A, P. 132.
[10] 喻诚鸿、李澐，1955：中国造纸用植物纤维图谱。27—28，科学出版社。
[11] Franklin, G. L., 1938: The Preparation of Woody Tissues for Microscopic Examination, For. Prod. Rer. Lab. Lft. 40 (1951), London.
[12] Kisser, J., 1939: Die botanisch-mikroskopischen Schneidemethoden. Abderholdens Handbuch d. biol. Arbeitsmethoden XI 14, S. 391—738.
[13] ————, 1936: Die Dampfmethode, ein neues Verfahren zum Schneiden haertester pflanzlicher Objecte. Ztschr. wissenschaftl. Mikroskopie 43, S. 346.
[14] U. N. FAO, 1953: Raw Materials for More Paper. FAO Forestry and Forest Products Study, No. 6. Rome, Italy, pp. 107—109; 162—165.
[15] Huber, B. und Pruetz, G., 1938: Ueber den Anteil von Fasern, Gefaessen und Parenchym am Aufbau verschiedener Hoelzer. Holz als Roh- und Werkstoff Vol. 1, S. 377—381.
[16] Tamolong, F. N., 1960: Fiber Dimensions of Certain Philippine Woods, Bamboos, Agricultural Crops and Wastes, and Grasses. Tappi Vol. 43. No. 6, pp. 527—534.
[17] 宇都昌一，1930：竹材ニ関スル研究。林学会杂志，2(9)：529—537。
[18] 温太辉，1955：浙江产竹类纤维长幅度之测定。林业科学，第 1 期，122—127。
[19] 靳紫宸、李正理，1962：12 种国产竹材的纤维测定。林业科学，第 1 期，67—72。
[20] Committee on Nomenclature, International Association of Wood Anatomists, 1937: Tropical Woods 41:21.
[21] 朱惠方，1963：阔叶树材显微识别特征记载方案。中国林业科学研究院木材工业研究所，森工 (63) 1。
[22] 朱惠方、李新时，1962：数种速生树种的木材纤维形态及其化学成分的研究。林业科学，第 4 期，262—263。

326　　　　　　　林　业　科　学　　　　　　　9 卷

[23] 何天相、刘逸英，1959：青蘿竹的三年生纤維长度的变化。广东林学院。

[24a] Watson, A. J. and H. E. Dadswell, 1961: Influence of Fibre Morphology, Part I. Fibre Length, Appita Vol. 14, No. 5, 168.

[24b] ―――――, 1962: Part II. Early Wood and Late Wood, Appita Vol. 15, No. 6, pp. 116—128.

[25] Muehlsteph, W. 1940: Holz als Roh- und Werkstoff 3, 45; Papierfabr. 38, 100, 109, 117 (1940); Cellulosechemie 18, 132 (1940); Wbl. f. Papierfabr. 72, 201, 219 (1941).

[26] Runkel, R. O. H., 1941: Zellstoff und Papier 21, 130; Holz als Roh- und Werkstoff 5, 414 (1942); Papier 3, 476 (1949); Wbl. Papierfabr. 71, 93 (1940).

[27] Jayme, Georg, 1961: Neu Beitraege zur Theorie der Entstehung der Blattfestigkeit. Das Papier 15 Jahrg., Heft 10a, S. 581—600.

[28] Hiett, L. A., 1960: Relationships between Wood Density and Other Wood Pulp Properties Tappi Vol. 43, No. 2, pp. 169—173.

[29] Anon., 1960: Pulp Wood Properties: Response of Processing and of Paper Quality to Their Variation Tappi Vol. 43, No. 11, P40A.

# STUDIES ON THE FIBRE STRUCTURE OF 33 CHINESE BAMBOOS AVAILABLE FOR PULP MANUFACTURE

W. F. Chu and H. S. Yao

(Institute of Wood Industries, Academy of Forest Science)

## Summary

The 33 kinds of bamboos (listed in Table 1) used in this experiment are those generally grown in the south-eastern and south-western parts of this country. For searching new fibre source, the fibre dimension, fibre volume and basic density were studied and arranged in groups according to their size. Such features as fibre length, cell wall thickness and the basic density may play the part in the assessment of bamboo-species suitable for pulping. The results are summarized as follow:

1. The average fibre lengths of the 33 species ranged from 1.70 to 3.19 mm (average 2.52 mm) and the average width ranged from 9.65 to 16.87 $\mu$ (average 13.2 $\mu$). Though the average fibre length is situated between the coniferous (average 3--4 mm) and broadleaved woods (average 1.4 mm), it appears mostly to approximate the coniferous woods. To compare with the fibre width of the coniferous woods (average 35 $\mu$), the average fibre width of bamboos is always low, even lower than the broadleaved woods (average 24 $\mu$). Therefore the bamboo-fibres are apparently slender than that of both coniferous and broadleaved woods. It can be revealed by the L/D ratio (the length to the width). Of these the bamboo-fibres usually stand between 115—290, mostly over 150; while that of the coniferous woods could not yet reach 100, especially that of the broadleaved woods (Table 2).

To raise the density of paper the mixture ratio of long and short fibres is more important for the manufacture of chemical paper pulp. Data of the frequency and distribution of fibre-lengths has not yet been available on the pulp industry. From this statistical data of 33 bamboo-fibres the curves of the maximal frequency and distribution of fibre-lengths are shown in Table 3 and Fig. I, 1—33.

2. The 2W/l ratio should be of particular interest to the paper making industry

not only because of its desired strength of paper but also because of its different application. This ratio among 33 bamboos was found to be greater than unity ranging from 1.22 to 6.18 (Table 2). This might be a guide in practice for selecting the bamboo-sort and determinating the available blending with other than bamboo-fibres.

3. The proportion of fibres, vessels and parenchymas of 33 species was given in Table 4. For an economic returns, the volume of the bamboo should be at least over 30% and probably 50% of fibrous tissue even if the cell dimension and cell wall thickness occur in highly desirable characteristics. For the most part the bamboos appear to have a high ratio of parenchymas to fibres and vessels.

4. The basic density of bamboos was found to vary in different species showing in Table 2. This will be correlated with cell wall thickness as shown in Fig. 4. It also reflects more or less changes in fibre contents. The determination of basic density should be considered as one way for assessing wood quality for pulping. Although the increase in yield has been associated with increase in density, however, some species with lower basic density usually give pulp with higher over-all strength. The yield is only one factor but the behaviour of the fibres is much more important on the suitability of new species for pulping purposes.

According to the results of the above mentioned examination 33 species of bamboos, as compared with one another as to their mean fibre length, cell wall thickness and basic density, can be classified in 4 groups: namely,

1st group　No. 1. (Bambusa rigida) No. 2. (Bambusa sinospinosa) No. 3. (Schizostachyum pseudolima) No. 4. (Sinocalamus affinis) No. 5. (Schizostachyum hainanense) No. 6. (Bambusa lapidea) No. 7. (Phyllostachys bambusoides) No. 8. (Dendrocalamus strictus) No. 9. (Sinocalamus oldhami) No. 10. (Schizostachyum funghomii) No. 11. (Chimonobambusa utilis) No. 12. (Phyllostachys pubescens) No. 13. (Lingnania chungii).

2nd group　No. 14. (Sinocalamus minor) No. 15. (Bambusa pervariabilis) No. 16. (Phyllostachys congesta) No. 17. (Semiarundinaria henryi) No. 18. (Lingnania cerosissima) No. 19. (Chimonobambusa quadrangularis) No. 20. (Phyllostachys angusta) No. 21. (Phyllostachys nigra var. henonis).

3rd group　No. 22. (Sinocalamus latiflorus) No. 23. (Chimonobambusa mormurea) No. 24. (Bambusa textilis) No. 25. (Sinarundinaria nitida).

4th group　No. 26. (Bambusa multiplex) No. 27. (Shibatea chinensis) No. 28. (Phyllostachys virdi-glaucescens) No. 29. (Phyllostachys anguta c. V. solidstem) No. 30. (Pleioblastus amarus) No. 31. (Pseudosasa amabilis) No. 32. (Sinocalamus distegius) No. 33. (Pseudosasa japonica).

A total of 33 species representing 12 genera were reported. Among them representatives of 1st and 2nd groups appear to be the most promising in view of yielding high quality pulp, that is also said to be an important source of fibres.

After all both the morphological studies and the determination of basic density should be considered to be most significant in indicating those species for the preparation of pulps in high yield and of good strength properties. however, they should not be regarded as the pulping and pulp evaluation studies.

# 图 版 说 明

## 竹材横切面维管束型注解(以秆壁中部为基准)

**图版 I**

图 1　绿竹(*Sinocalamus oldhami*)　断腰型，薄壁细胞将下侧韧维羣绝大部分隔离成为维管束下半部，呈半月状。65×

图 2　箣竹(*Bambusa sinospinosa*)　断腰型，韧维羣纤维细胞壁薄而内腔大，尤以下侧韧维羣，更为显著。65×

图 3　单竹(*Lingnania cerosissima*)　断腰型，下侧韧维羣成菱形或椭圆形，上侧韧维羣呈尖帽状。65×

图 4　苦竹(*Pleioblastus amarus*)　半开放型，韧维羣平均配列，仅导管间以纤维相连；整个维管束高大于宽。65×

图 5　慈竹(*Sinocalamus affinis*)　断腰型，上部狭小，而下侧韧维羣宽大，成菱形，纤维细胞壁薄。48×

图 6　金佛山方竹(*Chimonobambusa utilis*)　紧腰型，下侧韧维羣端部仅为一列薄壁细胞完全或不完全隔断，左右两侧韧维羣特小。65×

图 7　马蹄竹(*Bambusa lapidea*)　断腰型，上下两半部常为同心圆状薄壁细胞所围绕，整个维管束为长椭圆形。65×

图 8　淡竹(*Phyllostachys nigra* var. *henonis*)　开放型，上下左右韧维羣相互对称，轮廓近圆形。48×

图 9　茶秆竹(*Pseudosasa amabilis*)　开放型，韧维羣左右两侧狭，而上下两侧宽厚，尤以上侧高过于宽几达2倍。65×

**图版 II**

图 10　牡竹(*Dendrocalamus strictus*)　断腰型，上侧与左右侧韧维羣配列均等，而下半部小，轮廓近于斜方形；往往出现游离而孤立的韧维羣，见左下角。65×

图 11　麻竹(*Sinocalamus latiflorus*)　断腰型，维管束特大，其中下侧韧维羣亦特大；整个维管束下半部广于上半部。65×

图 12　硬头黄(*Bambusa rigida*)　断腰型，上侧和左右韧维羣，几平均配列，而下侧孤立韧维羣胞壁特薄。48×

图 13　沙罗单竹(*Schizostachyum funghomii*)　开放型，左右及下侧韧维羣形成扇状，上侧韧维羣特小，轮廓近圆形。65×

图 14　毛竹(*Phyllostachys pubescens*)　半开放型，导管不以纤维相连；而韧维羣一部相连。左右对称，而上下不称。65×

## 竹材纵切面注解

图 15　吊丝竹(*Sinocalamus minor*)　显示纤维、薄壁组织和导管分子等平行配列。48×

图 16　箣竹竹(*Bambusa sinospinosa*)　纤维细长而先端尖锐。120×

## 竹材纤维图解举例(显微投射描绘)

**图版 III**

图 1　硬头黄(*Bambusa rigida*)

图 2　粉单竹(*Lingnania chungii*)

图 3　牡　竹(*Dendrocalamus strictus*)

图 4　沙罗单竹(*Schizostachyum funghomii*)

图 5　青皮竹(*Bambusa textilis*)

图 6　慈　竹(*Sinocalamus affinis*)

图 7　毛　竹(*Phyllostachys pubescens*)

图 8　苦　竹(*Pleioblastus amarus*)

图 9　淡　竹(*Phyllostachys nigra* var. *henonis*)

a　具有裂隙状纹孔的厚壁纤维细胞；胞壁外有一层薄的膜质鞘。360×

a'　同上。300×

b　厚壁纤维细胞；胞壁外具有薄的膜质鞘。360×

b'　同上。300×

c　薄壁纤维细胞。360×

c'　同上。300×

d　具分隔状的纤维细胞。360×

d'　同上。300×

e　末端逐渐尖削的纤维细胞。80×

e'　同上。300×

f　先端具有分歧趋势的纤维细胞。300×

g　纹孔导管。360×

g'　同上。300×

图版 1

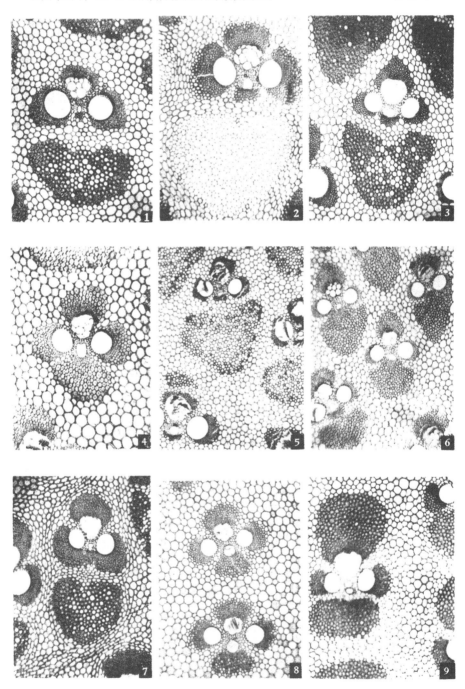

朱惠方、腰希中：国产33种竹材制浆应用上纤维形态结构的研究　　　　图版 II

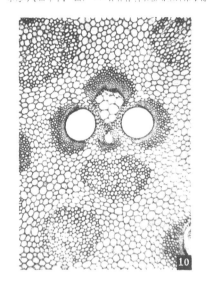
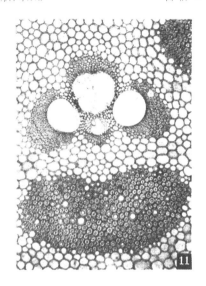
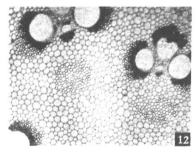
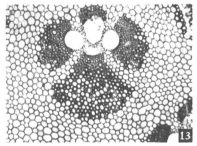
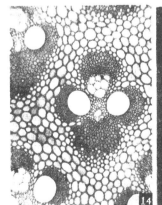
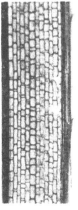
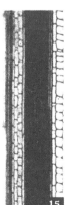

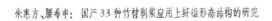

朱惠方、腰希申：国产33种竹材制浆应用上纤维形态结构的研究　　　图　版 III

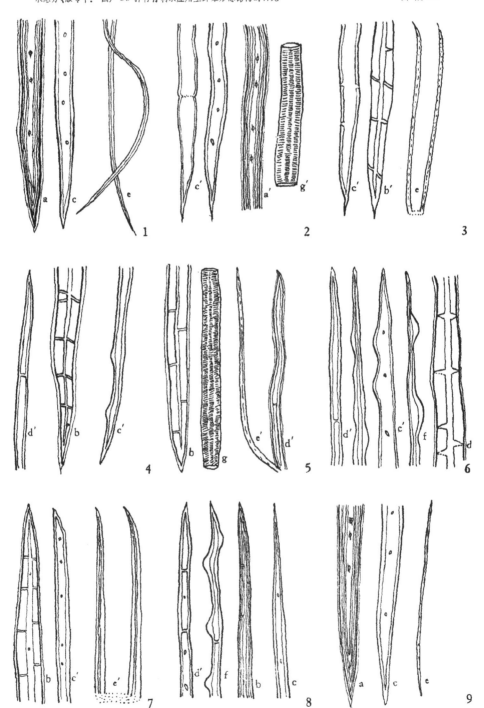

第三十六號(新號)
..in No. 36 (*New Series*)

民國二十四年，九月
September. 1935

# 中國木材之硬度研究

## UNTERSUCHUNGEN UEBER DIE HAERTE DER IN CHINA WACHSENDEN HOELZER

(IN CHINESE WITH GERMAN SUMMARY)

BY

## 朱　會　芳

CHU HWEI-FANG　(WEI FONG TSŬ)

PUBLISHED BY

COLLEGE OF AGRICULTURE AND FORESTRY

UNIVERSITY OF NANKING

NANKING, CHINA

金陵大學農學院印行

# 中國木材之硬度研究

朱　惠方

## I.　緒論

木材之硬度。即木材當他物體侵入材體時所生之抵抗力也。

木材之硬度。爲重要木材工藝性質之一。與木材之收縮加工及適用等。均有切之關係。如鋸截之難易。工作機械之合用。建築土木鑛工彫刻傢具等材之擇。此外木材對於磨損有無抵抗之能力。如球桿木鎚及道路之敷木等。皆利木材之硬性者也。

本試驗應用之機械。曾蒙金陵兵工廠李承幹及朱洪健兩氏熱心協助。

又試材一部。承史德蔚與焦啓源兩氏代爲搜集。更蒙北平靜生生物調査所浙江大學農學院及上海公司等。賜予內外木材多種。

此外鑑葉橋木鑑定。復賴陳嶸氏之助力。茲謹陳愧悃,以示謝忱。

**2　金陵大學農學院叢刊第36號**

然木材非如金屬之爲等質。硬度之高低。恆因種種情形而異。如樹種、比重、含水量、温度、位置與立地、樹脂與其他物質之含有量、材之構造及材體之部分等。又物體侵入材體。因外力之方向。物體之種類，形狀及其作用等。而木材所生之應力。亦有差異。茲申述之如次。

(1)樹種　普通木材大別之爲欽材與硬材二類。屬於欽材者。槪爲針葉樹材。及一部分闊葉樹材。如楊(*Populus*) 柳(*Salix*) 赤楊(*Alnus*) 椴(*Tilia*) 七葉樹 (*Aesculus*) 等屬。而其他大部分闊葉樹材。則屬於硬材。吾國所產樹材。以硬軟中庸者居多數。而熱帶所產之材。硬軟之差甚大。據著者之實測。試材一八〇種中。其硬度(橫斷面)由1.71——5.49之間。最硬與最軟之比。爲1:0.3。然同一材種。因受其他因子之影響。而硬度復有高低之差。

(2)比重　據多數實測之結果。凡木材在同一含水狀態之下。比重愈大者則愈堅硬。木材硬度之高低。與其比重之大小。殆爲正比例。蓋比重大者。其容積所含之實質多也。唯有時因材之構造。與粘着力之不同。亦有例外者。

硬度與比重之關係。以硬比表示之。硬比 (Härtequotient)者。卽以氣乾比重 (φ)除硬度(H)所得之商也。據Janka氏謂木材之硬比。隨比重之大小。與硬度之高低。而成爲有規則之昇降。至於形質商 (Qualitätquotient)。無論木材之比重如何。其差甚微。依Janka氏試驗多數之平均數爲7.75。一般針葉樹材之硬比較形質商小。尤以極軟木材爲最顯著。而硬質闊葉樹材則相反。其硬比較形質商大。是故針葉樹材。適於建築之目的。蓋以其最小比重。而有最大之強度也。反之闊葉樹材。適合於器械及傢具材之用。蓋以其硬度高。而磨滅(Abnutzbarkeit)少也。

(3)含水量　凡材之乾燥者較濕潤者爲硬。故氣乾材硬於生材。尤以含脂及其他物質之闊材爲最著。一般木竹材施工之前。將材浸於水中者。卽所以減其硬度耳。

據Janka氏云。木材由氣乾至水浸狀態。硬度之減低。甚爲顯著。而由氣乾至全乾狀態。硬度之增加甚微。

材木浸於水中。非但硬度爲之減低。卽材之彈性與劈裂性。亦隨之俱下。又水

中　國　木　材　之　硬　度　研　究　　　3

分可以增加木材之極性。故軟質樹材。如楊柳椴等。乾時比濕時。易於加工。至硬質樹材。如櫧栗等。濕時比乾時易於加工。

(4)溫度　溫度影響於硬度者。即如冰結之材。硬於非冰結材。

(5)位置與立地　一般溫暖地帶。與良好土地。所產之木材。其硬度頗高。又針葉樹常孤立時。因受常風披拂。則付幹之背風一側。年輪幅寬。歐洲木工。呼之爲硬側。(harte Seite)而向風一側。年輪幅狹。呼之爲軟側(weiche Seite)依Janku 氏嚴密試驗。證實木工之經驗。確鑿無疑。唯此兩側之抗壓強與硬度不同。適成爲反比例。

(6)樹脂及其他物質含有量　材之含有樹脂。及其他物質者。比重大。故對於抵抗他物侵入之應力亦大。一般針葉樹材含有樹脂者。比無樹脂者硬。特以年輪狹而含脂多者爲最硬。又熱帶樹材。往往含有樹脂或其他色素等。故木材亦有顯著之硬度。

(7)材之構造　木材之構造緻密者。細胞膜厚及其堆積物多者。纖維直長之材比其短者。纖維紛雜或波形者。其硬度均高。

又髓綫之構造。與其數量。影響於材之硬度亦大。髓綫增加。則材之粘着力大。故硬度亦高。

至於年輪幅之寬狹。雖與其他強度性質有相同之關係。而木材硬度之大小。不在年輪之寬狹。而在年輪中春秋材之比較。一年輪中之硬質秋材多。則硬度必大。

(8)材體之部分　據多數實測之結果。枝材硬於幹材。幹材復硬於根材。又秋材硬於春材。心材硬於邊材。中齡之材硬於幼材。

(9)外力之方向　木材受他物侵入時。所生抵抗力之大小。隨材之斷面而異。橫斷面之硬度。槪比縱斷面大。同爲縱斷面。而徑斷面與弦斷面亦有差異。據著者試驗之結果。弦斷面之硬度大於徑斷面者多。

(10)侵入物體之形狀及其作用　侵入物體之形狀及其作用。極不一致。故木材所生之應力亦不同。木材之加工器具。主爲斧鋸鉋鑿等。唯其硬度不能絕對表示之。茲就斧鋸與木材抵抗力之關係。述之於次。

（ 3 ）

## 金陵大學農學院叢刊第36號

木材對於斧之抵抗力。依其作用方向而異。其抵抗力最強者。爲與纖維成直角之方向。最弱者爲與纖維平行之方向。前者與木材之密度柔韌性及濕潤度等。有密切之關係。凡柔韌纖維之輕材。比短纖維之重材。欲切斷之宜用重斧。緻密而重之硬材。則用銳利薄刃之輕斧。又斧刃向纖維斜切時。抵抗力最弱。此外冰結木材。宜用重斧。

木材對於鋸之抵抗力。雖因方向而異。然其差不如斧之甚。一般輕而柔韌之木材。對縱斷之抵抗比對橫斷之抵抗大。若闊葉樹材之纖維柔韌而長。且材質粗鬆時。則鋸之工作困難。蓋此時鋸齒。非鋸斷纖維。乃由其鄰接結合部分撕破纖維。故鋸斷面粗糙不平。且鋸屑多。反之材質緻密而纖維短之木材。鋸斷容易。其切斷面平滑。而鋸屑少。由是重闊葉樹材較輕材之鋸斷易。但針葉樹輕材。因其構造簡單。且齒緻單一。故對鋸之抵抗力少。此外濕度減少木材之硬度。故生材較乾材鋸斷易。但濕度亦增加本材之柔韌性。此雖與硬材無關。而針葉樹材之柔軟且疏鬆者。因濕度之增加。生材較乾時。却難於鋸斷也。

## II. 歷來測定硬度之方法

歷來測定木材硬度之方法。頗不一致。最初 H. Nördlinger 氏。應用各種工具。如刀鋸斧鑿等試探其硬度。但因劈裂性靱性與彈性等。影響於硬度之測定。故所得結果。僅比較硬度(Relative Härte)而已。

況木材之狀態。亦與硬度有關。濕潤硬材(如櫪栗等)比乾時易於鋸斷。濕潤軟材(如楊柳椵等)比乾時難於鋸斷。此外冰結之材。雖促進木材鋸斷。而加斧不易。Nördlinger 氏之試驗方法。即以木材鋸斷時所生之應力爲硬度。

Max Büsgen 氏曾用形如探土器(Bodensonde)之鋼針。徐徐壓入材體。至達2mm 之深時所施之外力。以 gr. 表示之。即爲所測之硬度。然此法所用之鋼針。若僅侵入柔軟之春材部。則材之硬度顯著減低。況鋼針壓入材體與釘之打入材體。有同樣之結果。往往使木材割裂或受彈性影響。不能得精密之結果。

近時 Gabriel Janka 氏之球壓試驗法。(Kugeldruckversuch)爲測定硬度之合理方法。德奧兩國用之最廣。此係 1890 年瑞典工程師 Brinell 氏所發明。

中 國 木 材 之 硬 度 研 究　　　　5

Janka 氏法卽脫胎於此。本法應用鋼錐。其先端突出作半球狀。最大圓面積爲 1.0 cm²。卽 5.642 mm 半徑。當鋼製半球壓入材體達 5.642 mm 之深時。所需之荷重以 Kg 表示之。

美國對於硬度之測定。亦採用 Janka 氏法。唯鋼球之直球爲 0.444 吋。其壓入材體達二分之一之深時所需之荷重。以磅表示之。

此外 Reaumur 氏法。不用 Brinell 氏鋼球。而以二等邊三角形之尖錐壓入材部。又有用圓筒代尖錐者。謂之 Foeppl 法。此法雖有多種。然均未通行也，

近來各國對於木材硬度之試驗方法。漸趨一致。槪用 Brinell 氏法或 Janka 氏法。此不獨木材相互間。卽與他種材料相比較。亦稱便利焉。

## III. 試驗之經過

### 1. 供試材料

供試材料之種類　本試驗所供給之材種大別之爲四：

　　1. 國產針葉樹材
　　2. 國產闊葉樹材
　　3. 國內栽植之外國樹材
　　4. 國外輸入之針葉及闊葉樹材

凡爲吾國建築及其他工藝上之重要材料。悉行搜集。加以試驗。以資比較。至於輸入外材。大都由美俄印菲日等輸入。但因材料之供給不足。僅就國內多量使用之種類。加以試驗。聊供國內工程界對於外材性質之評定焉。

供試木之採集　供試木選健全無疵之樹幹。離地高 1.3m 處（胸高）伐採。幷於伐採之斷面上。查定樹齡。伐採之原木。註明號目。幷記其方位（N）。但其中遠道採來之木材。因交通不便。運輸艱難。未能悉按此法採集也。

伐採木因置外間。易生割裂。故於採後迅速運回。儲積於空氣流通之乾燥室內。使之緩乾。此間冬季更有暖氣設備。藉可促其乾燥。採集之材。先後運回者。多則經二年以上。少亦達一年。故均呈氣乾狀態。而硬度之測定。亦卽以此狀態爲標準。

6　　金陵大學農學院叢刊第36號

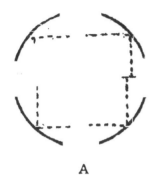

A

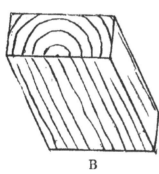

B

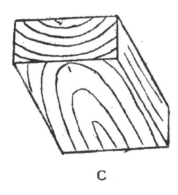

C

供試體（Holzprobe）之截取　　由各供試材截取圓盤。更由圓盤截取斷面不同之試體。如A圖。通過髓心。作東西南北兩相交綫。四分圓盤。大材則八分之。亦有直徑甚小之材。僅能得一試體者。此爲橫斷面試體。至徑斷面試體。如B圖。以徑斷面爲加壓面。弦斷面如C圖。

以與髓綫成直角之縱斷面爲加壓面。各斷面均註加號目（I,II,III,）又同一斷面復註載1,2,3,4,……等。爲表明各該斷面試體之個數。以上試體之表面積。大部爲-5cm²。厚2.5-3cm。以1.5cm距離作三列三行之九個驗點。但有時以受材料限制。故其尺寸亦較小。爲＋3cm³。以1.5cm作二列二行之四個驗點。各點有一定之間隔。且與緣邊亦有一定距離。則試驗時。不致變形或彎曲。是故點與點之間隔。不得小於鋼球之直徑。

又試體之厚。通常雖爲2.5－3cm。而其性質硬面脆者。恐於加壓時。易於破裂。故採取較大之體積應用之。

各材種之試體個量。極不相等。其中以浙江省所採之材。試體個數較多。其他各處。因交通不便。材料之供給有限。不能作多數試驗。殊爲憾事。茲將本驗試所用之材種。試體個量及硬度試驗次數（Einzelne Kugeleindrücke）

錄之於次：

1.國產針葉樹材　　　17 種　　278 個　　2470 次
2.國產闊葉樹材　　　153 種　　2529 個　　22709 次

中 國 木 材 之 硬 度 研 究　　　7

3.國內栽植之外國樹材　　　6 種　　102 個　　810 次

4.國外輸入之針闊樹材　　　5 種　　82 個　　730 次

以上國內外針葉及闊葉樹材之材種計一八〇種。試體個量2991個。經26719次單獨試驗。

### 2.材料試驗機及其附屬裝置

材料試驗機(Prüfmaschine)　本試驗所使用之試驗機。爲瑞士(Alfred J. Amsler Co.,(Schaffhouse)所製之一種油壓試驗機。

從來木材所行硬度試驗。概用 Seku 硬度試驗機（Schopper Härteprüfer „Seku")及 Brinell 氏球壓試驗機(Schopper Kugeldruckpresse Zur Bestimmung der Brinellhärte)。此爲極簡便之器械。爲德國 Louis Schopper(Leipzig)所製。近來 Amsler 所製之試驗機。其機械之靈巧。試驗之精確。駕乎其他試驗機之上。且本機之效用。非僅供硬度之測定。卽木材之抗拉抗壓抗剪抗彎及劈裂等試驗。均得以同機實測之。故通常稱爲萬能試驗機（Universal Holz-Prüfmaschine)

本機之構造(參照第五圖)由以下三部組合而成。

(a)三唧子唧筒(Dreikolbenpumpe)　當電氣發動時,運輸唧筒之三唧子。則油槽中(Ölbehälter)之礦油。向加壓器(Presse)與振子壓力計(Pendelmanometer)所連續之細管湧流。壓迫加壓器。若繼續加以荷重。則感力傳達於壓力計。

(b)加壓器（Presse）　加壓器有鋼製加壓盤二。一則隨試材之高上下移動。而適宜固定之。他則依唧筒所壓出之礦油壓力。上下滑動。

(c)振子壓力計(Pendelmanometer)　自唧筒壓出礦油之壓力。作用於鋼製振子(Pendel)。則振子傾斜。由其傾斜之程度。直接感動於刻度圓盤上之指針。由是得測定荷重之大小也。振子所附之標重。應預定荷重之大小而改變其位置。刻度圓盤亦隨荷重之大小而異。本試驗預定荷重爲 50—100 Kg。故振子標重固定於7.200磅之位置。

Brinell 氏硬度測定器　本器上部爲圓柱形。下部爲錐形。其先端嵌以鋼球。

8　　　　　陵 大 學 農 學 院 叢 刊 第 36 號

此鋼球依硬度之程度。有直徑 10mm，7.5mm，5mm 及 2.5mm 四種。可以自由調換。Brinell 氏以直徑 10mm 之鋼球。爲標準鋼球(Normalkugel)。

近時 Amsler 有新製之球壓測深器(Amsler ball imprint depth indicator)本器附有刻度圓盤。當鋼球之壓入。同時由其刻度圓盤上之指針。指示凹部之深度。

### 3.試驗之種類及其方法

a.含水率及比重試驗　本材之硬度。恆隨其含水量比重及年輪密度而異。此三因子。與木材工藝性質。有密切關係。雖同一樹種。而各部分亦互有差異。其中與硬度之關係最切者。莫若含水量。故當測定木材強度時。對於此三因子無不加以觀察焉。

含水率(Feuchtigkeitsgehalt)　本試驗所用之試材均爲氣乾狀態。其含水率約 10.74 ％。然各種試材在同一含水率時。施行試驗。其結果固易於比較。而爲事實所不能。蓋以材中濕度。隨空氣之濕度有變化。甚難固定也。然一般試材爲欲達此目的。即將木材放置乾燥室中。經多年乾燥後。施行試驗。所謂室內乾燥狀態。(Zimmertrockenzustand)如是其含水率相差甚微。依本試驗之結果。木材之含水率。最高與最低。僅有 4.61 之差。全部試材(180 種)含水率之平均數爲 10.74。按國際材料會議之議定。以 15％含水率。爲法正含水率(Normal-feuchtigkeitsgehalt)。

測定材中含水量之方法。即將材片用天秤測定其重量。於攝氏100～110度之電氣定溫乾燥器中。經二晝夜後。移於眞空乾燥器。使之冷却。復秤其重量。至材中水分完全消失達恆量時。即爲全乾重量。而由次式求其百分率。

$$含水率\% = \frac{氣乾重量-全乾重量}{氣乾重量} 100$$

以上方法。未免有多少誤差。例如含有油脂之木材。熱則吸收空氣中之養。使全量增加。則材中之水分表示少。又含有揮發性之物質者。熱則與水分共同揮散。結果水分之表示多。然欲免却此種誤差。必須精密複雜之裝置。但實際上此種誤差甚微。對於一般力學性質試驗。應用上法測定足矣。

比重 (Spezifisches Gewicht)　測定比重分爲重量測定與容積測定之兩重

中 國 木 材 之 硬 度 研 究　　　9

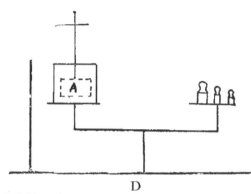

D

手續。重量測定。如上記方法。以天秤測定之。容積測定。應用Koehler氏木材容積測定裝置。如 D 圖 天秤左側置一水皿。右側加砝碼。使天秤保持平衡。次將材片 A 固着於細鋼條之上。使浸於水中。若材片爲乾材。爲防止水分侵入計。預浸於溶解地臘中。待其冷却後。削去剩餘之臘。僅覆以薄膜。浸於水中。再加砝碼。保持其平衡。此時所加之重量(gr)。卽與材片容積相當之水之重量。由下式求木材之比重:

1.氣乾比重 = $\dfrac{\text{氣乾材片之重}}{\text{與氣乾材片等容之水之重}}$

2.全乾比重 = $\dfrac{\text{全乾材片之重}}{\text{與全乾材片等容之水之重}}$

若材體形狀規則。亦可用測微尺確定木材之體積。測微尺得讀至 $\frac{1}{20}$ mm。近來測定容積最簡便而迅速者。莫若 Breuil 氏測容器。(Amsler-Breuil Volumenometer)本試驗因無此項設備。對於比重之測定。費去時日頗多也。

b.硬度試驗　本試驗乃採用 Brinell 氏球壓試驗法(Die Brinellsche Kugelprobe) 將 Brinell 硬度測定器嵌入試驗機之上層加壓盤。用直徑 10mm 之鋼球。供試材體置於下層加壓盤上。(參照第五圖)加以一定荷重。荷重之大小。以材之硬軟爲衡。硬材以 100 Kg。軟材以50Kg爲標準。由鋼球壓入材體$\left(h<\dfrac{D}{z}\right)$之深淺所生凹痕直徑(mm)之大小。藉 Brinell 氏顯微鏡 (Brinell Mikroskop) 或用螺旋測微計 (Okular Schraubenmikrometer) 測定之。其測微限界達 $\frac{1}{100}$mm。硬度數值(參看E圖)卽以鋼球壓入材體之球面表面積 (mm²)。除荷重 (Kg)所得之商。如次式所示:

$$H = \dfrac{P}{\pi d\left[\dfrac{d}{2} - \sqrt{\dfrac{d^2}{4} - \dfrac{D^2}{4}}\right]}$$

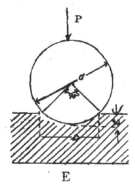

H:　硬度

P:　荷重(Kg)

d:　鋼球之直徑(mm)

D:　鋼球壓入凹部之直徑

t:　鋼球壓入部之深

若用球壓測深器。則可直接測定壓入凹部之深。由下列簡式求硬度：

$$H = \frac{P}{\pi . d . t}$$

以上硬度數值。亦可由荷重直徑對照表。或荷重深度對照表。讀取 Brinell 硬度。

供試體斷面上、每一驗點。必須加壓一次。本試驗所用之材體。大部斷面上有九驗點。或五驗點。則每個作九次或五次試驗。而九次或五次之試驗平均數。爲每一試體之硬度。又同一斷面各試體之硬度平均數。爲該材斷面一種之硬度。

凡各斷面加壓後之凹部形狀。稍有不同。橫斷面概爲正圓形。而徑斷面及弦斷面。往往非正圓形。或爲橢圓形。如是每一凹部直徑之測定。宜從各方向多次測之。以其平均數爲凹部一個之硬度數。

此外加壓之速率。與硬度試驗之結果。亦有關係。蓋急劇加壓。所得之硬度恆高。由其速率之緩急。所生硬度之差雖甚微。然於精確試驗。必須顧慮及此。普通每一驗點。加壓延長時間。約 30 秒足矣。

## IV.　試驗之結果

試驗之結果。如附表 I, II, III, 三表及附圖 I 所示。

附表 I, II 爲內外針葉及闊葉樹材之個別試驗結果。

附表 III 乃以硬度序數爲基礎。將所屬材種歸納於各硬度分類中。且各斷面之含水率比重及硬度。互求其比值。(以 100 爲指數)以資比較。

附圖 I 乃根據硬度序數。對於硬度及氣乾比重。各引拋物綫。以示氣乾比重與硬度之關係。

## V. 結論

綜觀上記試驗結果。可得結論如次。

(1)材種　硬度之大小。雖各材不一。而以硬軟中庸者占多數。就試驗結果（參照附表III.）所示。針葉樹材二二種。以柏木爲最高。次之爲三尖杉紅豆杉圓柏榧樹……等。而以柳杉爲最低。又闊葉樹材一五八種。其硬度之最大者。爲黃楊棗樹。次之爲苦李石楠布狸飯湯子……等。而其最小者爲泡桐。

(2)加壓面與硬度之關係　本試驗之加壓面。分橫徑弦等三斷面。而各斷面硬度之比較。如附表 III 所示。無論針葉樹材或闊葉樹材。其各加壓面硬度之高低。雖互有差異。而其中硬度最大者。爲橫斷面。徑斷面與弦斷面兩者之差甚微。試就試驗成績觀之。針葉樹二二種。徑斷面大於弦斷面者有九種。闊葉樹材一五八種。弦斷面大於徑斷面者。有八六種。然針葉樹材與闊葉樹材兩者相較。則高低之差殆相半。

又縱斷面與橫斷面相比。其硬度之差甚大。縱斷面硬度之最大者爲黃楊棗等。最小者爲泡桐柳杉。故易遭磨損之處。材當橫斷面配置。始顯最大之效能。

(3)比重與硬度之關係　硬度與氣乾比重對比。如附圖 I 所作之曲綫。時昇時降。雖非爲平行的進行。然就全局觀之。此兩線由極軟至極硬與由最小比重至最大比重。其兩者之關係。恰成爲正比例。此種關係。以硬比 (Härtequotient) 表示之。(參看附表I, II)最爲顯著。

一般木材之硬度與比重。雖互有密切關係。然如針葉樹材之富有樹脂者。則在此例外。比重雖高。而硬度仍低。此乃樹脂尚未固化之原因也。

(4)硬度與含水率之關係　材之硬度與氣乾比重。殆互相平行。但因含水量之多寡。往往使之變化。故有重材較輕材。其硬度反低者。職是故也。唯本試驗各材之含水率。無大差異。故所得之結果。受水分之影響甚少。殆無考慮之必要。

**(5)重量級數**　本試驗材種。根據全乾比重。分重量爲五級：

　Ⅰ.級：甚輕材（全乾比重在40以下者）

　　　泡桐，柳杉，杉，白楊柳，水柳，大花椒，

　Ⅱ.級：輕材（全乾比重由40－50者）

　　　白辛樹，楓楊，毛白楊，香果木，楓香，靑杆，馬尾松，羽葉泡花樹，
鐵杉，靑榨械，楝，銀杏，五台杉，水木，雲南杜英，樞木，鹽膚木，
落葉松，光皮樺，楤木，臭椿，金錢松，燈龍樹，朱桐花，椅樹，椴樹
，白皮椴，梧桐，靑錢李，木蘭

　Ⅲ.級：稍重材（全乾比重由50－65者）

　　　玉蘭，菩提樹，山麻桿，黃金樹，洋松，烏柏，柳按，野鴉椿，雅楠，
扁柏，榛子，華氏八角齒，交讓木，油松，樟，香葉子，山槐，楸，山
胡椒，榿樹，山茶葉灰木，香椿，細子多靑，山楓香樹，朴樹，紅豆
靑，油桐，械樹，野核桃，萬昌樺，圓柏，刺楸，風箱，漆，法國梧桐，
蜀灰木，香樺，白檀，過冬靑，構樹，樺木，君遷子，三尖杉，馬桑，栲
栗，紅豆杉，化香樹，洋槐，三葉刺楸，白楡，刺楡，壞槐，錐栗，茅
栗，大葉靑剛，油金朗，枹樹，圓葉樟，釣樟，楊梅，華臘樹，苦桃，
楿櫟，大葉珍珠梅，野山櫟，銀木荷，栓皮櫟，鷄爪械，黑飯樹，雲
葉木荷，靑剛櫟，山桐，柏木，欒樹，苦櫪木，白臘樹，糙葉樹，杏
樹，鱗皮樺，重陽木，白挺樹，稠梨，女貞，鑽天楡，

　Ⅳ.級：重材（全乾比重由65－80者）

　　　茉莉苞，猴楂子，牛鼻，紅道木，櫻桃，桑，櫟樹，尖葉櫟，鷄爪子，
鐵木，三角楓，鐵靑樹，絲綿木，板栗，寶華水楡，千筋楡，杜仲，黃
連木，光葉靑岡，山胡椒，胭脂紅，枇杷，椰楡，枱，水靑岡，靑皮梨，
油茶，欛櫟，靑剛櫟，見風乾，四照花，棠梨，反白樹，靑栲，山核
桃，欅，黃檀，

　Ⅴ.級：甚重材（全乾比重由80－100者）

　　　奴柘，小葉石楠，飯湯子，石楠，布狸，苦李，棗樹，黃楊

(6)硬度級數(Härtegrad)　茲將本試驗材種之硬度（橫斷面）分爲五級。且各級所屬之主要樹種。依硬度之高低（參照第三表）而順序排列之如左。

I. 級：甚軟材（硬度在一以上者）

泡桐，柳杉，杉木，水柳，河柳，響葉楊

II. 級：軟材（硬度在二以者）

白楊柳，假松，毛白楊，槭楊，銀杏，青杆，鐵杉，臭椿，青錢李，椅樹，椴樹，馬尾松，木蘭，金錢松，白皮椴，落葉松，油松，梧桐，柳按，玉蘭，扁柏，洋松，青榨槭，楝，楓香·烏桕，光皮樺，鹽膚木，苦提樹，榛子，黃金樹，

III. 級：適硬材（硬度在三以上者）

雅楠，山槐，楸，樟，油桐，朴樹，法國梧桐，刺楸，野核桃，錐栗，槭樹，香椿，漆樹，紫栗，櫸樹，化香樹，白檀，女貞　圓柏，鱗皮樺，櫸樹，茅栗，大葉青剛，紅豆杉，洋槐，枹樹，桎皮櫟，三角楓，檔櫟，

IV. 級：硬材（硬度在四以上者）

柏木，銀木荷，雞爪槭，懷槐，華擺樹，白臘樹，重陽木，絲綿木，紅道木，桑，板栗，櫟樹，杜仲，黃連木，光葉青岡，水青岡，棚楠，青栲，槲櫟，山核桃，青剛櫟，見風乾，油茶，檪，黃檀，

V. 級：甚硬材（硬度在五以上者）

石楠，苦李，棗樹，黃楊

茲將各級硬度所屬材種之個量。錄之如次表：

| 硬　度　序　數 | 硬　度　級　數 | 材種個量 | 硬　　　　度 |
|---|---|---|---|
| 1—— 7 | I. 甚軟 | 7 | 1.71——2.00 |
| 8—— 59 | II. 軟 | 52 | 2.01——3.00 |
| 60——116 | III. 適硬 | 57 | 3.01——4.00 |
| 117——173 | IV. 硬 | 57 | 4.02——5.00 |
| 174——180 | V. 甚硬 | 7 | 5.10——5.49 |

又縱斷面之硬度。最低者爲0.79。最高者爲3.18。而以1.00——2.00者占多數。但全部試材。其硬度之高。未有超過四級以上者。

14　　　　金 陵 大 學 農 學 院 叢 刊 第 36 號

## 參 考 書 籍　Literatur

1. Janka, G. : Die Haerte der Hoelzer. Mitteilungen aus dem Forst-lichen Versuchswesen Oesterreichs. H. XXV.

2. Janka, G. : Zur Bestimmung der Holzarten. Zeitschrift fuer Forst-und Jagdwesen. Jahrgang 1904.

3. Janka, G. : Die Haerte des Holzes Zentralblatt fuer das gesamte Forstwesen. Jahrgang 1906.

4. Janka, G. : Ueber Holzhaertepruefung. Zentralblatt fuer das gesa-mte Forstwesen. Jahrgang 1908.

5. Büsgen, M. : Bau und Leben unserer Waldbaeume. 1917.

6. Noerdlinger, H. : Gewerbliche Eigenschaft der Hoelzer.

7. Noerdlinger, H. : Die technische Eigenschaft der Hoelzer.

8. Gayer, S. : Die Holzarten und ihre Verwendung in der Technik. 1921.

9. Wilda, H. : Das Holz.

10. Gayer, K. : Die Forstbenutzung. XII Auflage, herausgegeben von L. Fabricius.

11. Weber, H. : Handbuch der Forstwissenschaft. H. II. IV. Auflage. 1925.

12. Garratt, G. A. : The Mechanical properties of Wood. 1931.

13. Forsaith, G. G. : The Technology of New York State Timbers. Technical Publication No. 18. of New York State College of Forestry at Syracuse University. 1926.

14. Snow, C. H. : Wood and other organic structural materials. 1917.

15. Howard, A. : Timbers of the World. 1934.

16. 關谷文彦 : On the Slip bands of fibre wall of wood due to the Ball Indentation. The Journal of the Japanese Forestry Society Vol. XVII, No. I, 1935.

15

# 中國木材之硬度研究

(德　文　提　要)

## Resuemee
## Untersuchungen ueber die Haerte der
## in China wachsenden Hoelzer.

### von

CHU HWEI-FANG (WEIFONG TSU)

Die zur Pruefung verfuegbaren Hoelzer unterscheiden sich **in drei folgende Teile:**

I. Einheimische Nadelhoelzer
II. Einheimische Laubhoelzer
III. Importierte Hoelzer

Von den einheimischen Hoelzern wurde der groesste Teil aus den Provinzen Chekiang, Kiangsu, Shantung und Hopei aufgenommen. Die uebrigen Teile wurden aus der Provinz Kweichow entnommen, weil dort noch Urwald vorhanden ist. Aber wegen der Schwierigkeit des Transportes sind die Probestaemme aus der Provinz Kweichow nicht ganz genuegend zur Verfuegung.

Die importierten Hoelzer kommen heutzutag meistens aus Nordamerika, Russland, Phillippien und Australien. Davon nehme ich nur die wichtigsten und gebraeuchlichsten Arten zur Pruefung.

Die insgesamt untersuchten Hoelzer enthalten 180 Arten, welche zu 117 Gattungen und 52 Familien gehoeren.

Bei diesem Versuche habe ich die Amsler-Universalpruefmaschine von Ginling Arsenal gebraucht und zwar mit Brinell's Kugeldruckprobe (Kugeldurchmesser 10 mm).

Die Probestaemme sind alle geradfaserig und gesund. Jede Holzart wurde in drei Schnittflaeche naemlich Hirnflaeche, Radial und Tangential geteilt. Die Holzprobe jeder Schnittflaeche wurde meistens durch 9 Eindruecke auf Haerte geprueft, und aus diesen 9 einzelnen Eindruecken der Mittelwert berechnet.

Die Druckkraft wurde je nach der Haerte der Probe 50 od.　100 Kg angewendet.

Die Haertezahl ist durch folgende Formel berechnet worden:

$$H \text{ (Haertezahl)} = \frac{\text{Druck in Kg}}{\text{Flaecheneinheit des Eindruckes in MM}^2}$$

Resuemiere ich schliesslich die wichtigsten Resultate der vorliegenden Untersuchungen, so lassen sich folgende Saetze zusammenfassen:

1.　Die Haerte der geprueften Hoelzer sind wohl verschieden, dennoch gehoeren die meisten zu maessig harten.　Die zu jeder Haertegruppe eingereihte Zahl der geprueften Hoelzer ist aus Tabelle III ersichtlich.

2.　Die Haerte ist auch nach der Schnittflaeche verschieden.　Immerhin ist die groesste Haerte diejenige der Hirnflaeche.　Die radiale und tangentiale Flaeche differieren miteinander ganz wenig.

Aus diesem Versuchsergebnisse hat die radial Fläche der Nadelhoelzer die groessere Haertezahl naemlich ueber 9 Arten und die tangentiale 12 Arten.　Die radiale Flaeche der Laubhoelzer hat 72 Arten und die tangentiale auch 86 Arten.

Wenn die radiale und tangentiale Flaeche mit der Hirnflaeche verglichen wird, ist der Unterschied der Haerte ziemlich gross, z. B. Pinus massoniana 2.50 in Hirnflaeche, aber 1.20 in Radial und 1.23 in Tangential.

3.　Die Haerte jedes Holzes ist immer mit ihrem spez.　Gewicht in Beziehung gebracht.　Die Ergebnisse der vorgenommenen Untersuchungen sind aus Tafel I ersichtlich.

In der Regel erhoehen sich die Haertezahlen fast parallel mit spezifischem Gewicht (lufttrocken).

4.　Nach Gewichtsverhaeltnissen wurden die untersuchten wichtigeren Holzarten in folgende Stufen eingeteilt:

I: Sehr leicht.　(Spez. Gew. unter 40)

*Paulownia tomentosa*　　　　　*Cryptomenia japonica*
*Cunninghamia lanceolata*　　　*Populus simonii*
*Salix babylonica*

## II: Leicht. (Spez. Gew. von 40 bis 50)

Pterocarya stenoptera

Liquidambar formosana

Pinus massoniana

Acer davidii

Ginkgo biloba

Larix dahurica

Ailanthus altissima

Idesia polycarpa

Firmiana simplex

Magnolia liliflora

Populus tomentosa

Picea wilsonii

Tsuga chinensis

Melia acedarach

Rhus javanica

Betula luminifera

Pseudolarix amabilis

Tilia tuan

Pterocarya paliurus

## III: Mässig schwer. (Spez. Gew. von 50 bis 65)

Magnolia denudata

Catalpa speciosa

Sapium sebiferum

Thuja orientalis

Pinus tabulaeformis

Catalpa bungei

Cedrela sinensis

Aleurites fordii

Juniperus chinensis

Rhus verniciflua

Castanopsis tibetana

Platycarya strobilacea

Ulmus pumila

Castanea henryi

Quercus aliena

Carpinus fargesiana

Quercus variabilis

Lithocarpus henryi

Koelreuteria paniculata

Bischofia javanica

Tilia manschurica

Pseudotsuga taxifolia

Phoebe nanmu

Corylus heterophylla

Cinnamomum camphora

Torreya grandis

Celtis sinensis

Acer palmatum

Acanthopanax ricinifolium

Betula costata

Taxus chinensis

Robinia pseudoacasia

Maackia chinensis

Castanea sequinii

Quercus glandulifera

Lithocarpus spicata

Acer pictum

Cupressus funebris

Fraxinus chinensis

Ligustrum lucidum

IV: Schwer. (Spez. Gew. von 65 bis 80)

| | |
|---|---|
| *Eucalyptus marginata* | *Morus alba* |
| *Quercus serrata* | *Acer trifidum* |
| *Schoepfia jasminodora* | *Evonymus bungeana* |
| *Castanea mollissima* | *Carpinus Kweitingensis* |
| *Pistacia chinensis* | *Fagus lucida* |
| *Ulmus parvifolia* | *Fagus longipetiolata* |
| *Thea oleosa* | *Quercus glauca* |
| *Carpinus turczaninovii* | *Quercus myrsinaefolia* |
| *Carya cathayensis* | *Zelkova sinica* |
| *Dalbergia hupeana* | |

V: Sehr schwer (Spez. Gew. von 80 bis 100)

| | |
|---|---|
| *Photinia serrulata* | *Prunus salicina* |
| *Zizyphus jujuba* | *Buxus microphylla* |

5. Nach den in der vorliegenden Abhandlung niedergelegten Untersuchungsergebnissen wurden einzelne Holzarten von der Hirnflaeche in folgende Weise eingereiht:

I: Sehr weich. (Haertezahl ueber 1)

II: Weich. (Haertezahl ueber 2)

III: Mittelhart. (Haertezahl ueber 3)

IV: Hart. (Haertezahl ueber 4)

V: Sehr hart. (Haertezahl ueber 5)

Die ziffermaessige Werte der Haertezahlen dieser Gruppen wurden in Tabelle III dargestellt, so kann hier eine nochmalige Aufzaehlung derselben unterbleiben.

中　國　木　材　之　硬　度　研　究　　19

## 第　一　表　　國　產　木　材　試　驗　結　果

(Tabelle I. Untersuchungsergebnisse der einheimischen Hölzer)

| 試材號目 (Nr. d. Probestamme) | 學名 (Wissenschaftlicher Name) | 產地 (Herkunft) | 剖面 (Schnittfläche) I:横(Quer) II:將(Radial) III:弦(Tangential) | 試材號目 (Nr. d. Einzelprobe) | 含水率 (Feuchtigkeitsgehalt) % | 比重 (Spez. Gew.) 氣乾(lufttrocken) ×100 | 全乾(absoluttrocken) ×100 | 硬度 (Härtezahl) 最大(Maximum) | 最小(Minimum) | 平均(Mittelwert) | 硬比 Hartequotient $\frac{H}{\sigma}$ |
|---|---|---|---|---|---|---|---|---|---|---|---|
| 78 | Ginkgo biloba Linn. | 浙江 Chekiang | I | 1 | 14.14 | 49.8 | 46.2 | 2.52 | 2.08 | 2.30 | 4.62 |
| | | | | 2 | 14.35 | 49.6 | 43.2 | 2.38 | 2.01 | 2.20 | 4.44 |
| | | | | 3 | 12.36 | 53.7 | 47.0 | 2.70 | 2.15 | 2.43 | 4.53 |
| | | | | 4 | 12.56 | 53.3 | 46.8 | 2.66 | 2.19 | 2.43 | 4.56 |
| | | | | 5 | 13.01 | 50.6 | 44.3 | 2.48 | 2.01 | 2.25 | 4.45 |
| | | | | 6 | 12.85 | 51.2 | 46.7 | 2.56 | 2.12 | 2.34 | 4.57 |
| | | | | 7 | 14.04 | 51.3 | 43.6 | 2.44 | 2.05 | 2.25 | 4.39 |
| | | | | 8 | 12.38 | 52.9 | 46.5 | 2.62 | 2.25 | 2.44 | 4.61 |
| | | | II | 1 | 13.59 | 48.4 | 44.1 | 1.05 | 0.79 | 0.92 | 1.90 |
| | | | | 2 | 12.83 | 50.7 | 44.5 | 1.07 | 0.84 | 0.96 | 1.89 |
| | | | | 3 | 12.40 | 53.3 | 45.4 | 1.07 | 0.93 | 1.00 | 1.88 |
| | | | | 4 | 12.38 | 53.1 | 46.3 | 1.09 | 1.03 | 1.06 | 2.00 |
| | | | | 5 | 12.60 | 51.4 | 46.6 | 1.11 | 0.99 | 1.05 | 2.04 |
| | | | | 6 | 13.67 | 49.6 | 46.2 | 1.09 | 0.96 | 1.03 | 2.08 |
| | | | III | 1 | 13.20 | 50.9 | 43.7 | 1.09 | 0.83 | 0.96 | 1.89 |
| | | | | 2 | 12.19 | 53.4 | 46.3 | 1.11 | 1.07 | 1.09 | 2.04 |
| | | | | 3 | 12.39 | 52.7 | 47.0 | 1.13 | 1.03 | 1.08 | 2.05 |
| | | | | 4 | 13.86 | 49.6 | 45.2 | 1.11 | 1.05 | 1.08 | 2.18 |
| | | | | 5 | 11.79 | 51.2 | 46.8 | 1.09 | 1.05 | 1.07 | 2.09 |
| | | | | 6 | 11.93 | 51.3 | 46.4 | 1.09 | 0.96 | 1.03 | 2.01 |
| | | 平均 Im Mittel | I | | 13.21 | 51.6 | 45.5 | | | 2.33 | 4.52 |
| | | | II | | 12.91 | 51.1 | 45.5 | | | 1.00 | 1.97 |
| | | | III | | 12.56 | 51.5 | 45.9 | | | 1.05 | 2.04 |
| 97 | Cephalotaxus fortunei Hook. | 浙江 Chekiang | I | 1 | 10.44 | 68.3 | 60.5 | 4.37 | 3.94 | 4.16 | 6.09 |
| | | | | 2 | 10.77 | 63.2 | 58.4 | 3.94 | 3.64 | 3.79 | 6.00 |
| | | | | 3 | 10.67 | 65.8 | 58.7 | 4.20 | 3.71 | 3.96 | 6.02 |
| | | | | 4 | 10.52 | 66.1 | 59.2 | 4.28 | 3.78 | 4.03 | 6.10 |
| | | | | 5 | 10.67 | 65.3 | 59.3 | 4.12 | 3.78 | 3.95 | 6.05 |
| | | | | 6 | 10.74 | 64.7 | 58.6 | 4.02 | 3.64 | 3.83 | 5.92 |
| | | | II | 1 | 10.73 | 62.5 | 59.1 | 1.78 | 1.46 | 1.62 | 2.59 |
| | | | | 2 | 10.62 | 65.9 | 59.9 | 1.88 | 1.59 | 1.74 | 2.64 |
| | | | | 3 | 10.46 | 68.6 | 60.8 | 2.01 | 1.62 | 1.82 | 2.65 |
| | | | | 4 | 10.60 | 65.8 | 59.7 | 1.94 | 1.62 | 1.78 | 2.71 |
| | | | | 5 | 10.70 | 64.2 | 58.6 | 1.85 | 1.42 | 1.64 | 2.55 |
| | | | | 6 | 10.57 | 68.4 | 60.4 | 1.94 | 1.54 | 1.74 | 2.54 |
| | | | III | 1 | 10.63 | 62.5 | 58.3 | 1.76 | 1.42 | 1.59 | 2.54 |
| | | | | 2 | 10.28 | 67.8 | 58.6 | 1.88 | 1.54 | 1.71 | 2.52 |
| | | | | 3 | 10.59 | 63.4 | 58.6 | 1.78 | 1.51 | 1.65 | 2.60 |
| | | | | 4 | 10.29 | 68.5 | 60.2 | 1.91 | 1.51 | 1.71 | 2.50 |
| | | | | 5 | 10.71 | 63.6 | 59.5 | 1.78 | 1.46 | 1.62 | 2.55 |
| | | | | 6 | 10.42 | 64.7 | 59.0 | 1.85 | 1.49 | 1.67 | 2.58 |

表中附*記號者爲中國生長之外國材種　　又有**記號者其標準荷重爲 50 kg.

### 第一表　(Tabelle I)

| 試材號目 (Nr. d. Probestämme) | 材種 (Holzart) 學名 (Wissenschaftlicher Name) | 產地 (Herkunft) | 切面 (Schnittfläche) I: 横 (Quer) II: 徑 (Radial) III: 絃 (Tangential) | 試體號目 (Nr. d. Einzelprobe) | 含水率 (Feuchtigkeitsgehalt) % | 比重 (Spez. Gew.) 乾 (luft-trocken) ×100 | 全乾 (absolut-trocken) | 硬度 (Härtezahl) 最大 (Maximum) | 最小 (Minimum) | 平均 (Mittelwert) | 硬比 (Härtequotient) H/σ |
|---|---|---|---|---|---|---|---|---|---|---|---|
| | | 平均 Im Mittel | I | | 10.64 | 65.6 | 59.1 | | | 3.95 | 6.03 |
| | | | II | | 10.61 | 65.9 | 59.8 | | | 1.72 | 2.61 |
| | | | III | | 10.49 | 65.1 | 59.0 | | | 1.66 | 2.55 |
| 83 | Torreya grandis Fort. | 浙江 Chekiang | I | 1 | 9.82 | 58.2 | 53.6 | 3.71 | 3.37 | 3.54 | 6.08 |
| | | | | 2 | 10.26 | 58.5 | 54.2 | 3.64 | 3.37 | 3.51 | 6.00 |
| | | | | 3 | 10.45 | 59.1 | 53.8 | 3.78 | 3.50 | 3.64 | 6.16 |
| | | | | 4 | 10.66 | 59.8 | 55.3 | 3.86 | 3.60 | 3.68 | 6.15 |
| | | | | 5 | 10.65 | 59.4 | 54.7 | 3.78 | 3.37 | 3.58 | 6.03 |
| | | | | 6 | 10.69 | 60.8 | 55.9 | 3.86 | 3.56 | 3.71 | 6.10 |
| | | | | 7 | 10.81 | 61.3 | 56.1 | 4.28 | 4.03 | 4.15 | 6.77 |
| | | | | 8 | 10.72 | 60.9 | 55.6 | 4.12 | 3.56 | 3.84 | 6.31 |
| | | | II | 1 | 10.25 | 58.4 | 53.4 | 1.54 | 1.23 | 1.39 | 2.38 |
| | | | | 2 | 10.49 | 58.9 | 54.2 | 1.70 | 1.26 | 1.48 | 2.51 |
| | | | | 3 | 10.42 | 58.7 | 53.5 | 1.67 | 1.17 | 1.42 | 2.42 |
| | | | | 4 | 10.51 | 59.4 | 55.7 | 1.78 | 1.32 | 1.55 | 2.61 |
| | | | | 5 | 10.96 | 60.5 | 55.8 | 1.82 | 1.49 | 1.66 | 2.74 |
| | | | | 6 | 10.77 | 59.8 | 56.3 | 1.85 | 1.62 | 1.74 | 2.91 |
| | | | III | 1 | 9.75 | 58.6 | 53.3 | 1.28 | 1.20 | 1.24 | 2.12 |
| | | | | 2 | 10.18 | 58.9 | 54.2 | 1.39 | 1.23 | 1.31 | 2.22 |
| | | | | 3 | 10.50 | 59.6 | 55.4 | 1.78 | 1.42 | 1.60 | 2.68 |
| | | | | 4 | 10.30 | 59.2 | 55.4 | 1.76 | 1.21 | 1.49 | 2.52 |
| | | | | 5 | 10.72 | 61.4 | 55.9 | 1.91 | 1.51 | 1.71 | 2.79 |
| | | | | 6 | 10.69 | 60.8 | 55.8 | 1.82 | 1.46 | 1.64 | 2.70 |
| | | 平均 Im Mittel | I | | 10.51 | 59.8 | 54.9 | | | 3.71 | 6.20 |
| | | | II | | 10.57 | 59.3 | 54.8 | | | 1.54 | 2.60 |
| | | | III | | 10.36 | 59.8 | 54.7 | | | 1.50 | 2.51 |
| B328 | Taxus chinensis Rehd. | 貴州 Kweichow | I | 1 | 10.79 | 66.3 | 59.2 | 4.20 | 3.38 | 3.79 | 5.72 |
| | | | | 2 | 10.94 | 66.5 | 59.7 | 4.30 | 3.56 | 3.93 | 5.91 |
| | | | | 3 | 11.14 | 67.4 | 60.3 | 4.16 | 3.50 | 3.93 | 5.91 |
| | | | | 4 | 11.04 | 69.5 | 61.5 | 4.36 | 3.64 | 4.00 | 5.76 |
| | | | II | 1 | 10.63 | 66.5 | 59.4 | 1.62 | 1.30 | 1.46 | 2.20 |
| | | | | 2 | 10.86 | 67.0 | 60.0 | 1.70 | 1.37 | 1.54 | 2.30 |
| | | | | 3 | 11.31 | 67.2 | 60.3 | 1.76 | 1.28 | 1.52 | 2.26 |
| | | | | 4 | 11.23 | 67.9 | 60.7 | 1.85 | 1.37 | 1.61 | 2.37 |
| | | | III | 1 | 10.74 | 66.2 | 59.5 | 1.70 | 1.28 | 1.49 | 2.25 |
| | | | | 2 | 10.86 | 66.5 | 59.7 | 1.65 | 1.32 | 1.49 | 2.24 |
| | | | | 3 | 11.02 | 67.5 | 60.4 | 1.73 | 1.30 | 1.52 | 2.23 |
| | | | | 4 | 10.92 | 66.9 | 59.3 | 1.76 | 1.35 | 1.56 | 2.33 |
| | | 平均 Im Mittel | I | | 10.98 | 67.4 | 60.2 | | | 3.93 | 5.83 |
| | | | II | | 11.01 | 67.2 | 60.1 | | | 1.53 | 2.28 |
| | | | III | | 10.89 | 66.8 | 59.7 | | | 1.52 | 2.27 |

## 第一表 (Tabelle I)

| 試材數目 (Nr. d. Probestämme) | 學名 (Wissenschaftlicher Name) | 產地 (Herkunft) | 切面 (Schnittfläche) I: 橫(Quer) II: 徑(Radial) III: 弦(Tangential) | 試材號目 (Nr. d. Einzelprobe) | 含水率 (Feuchtigkeitsgehalt) % | 比重 (Spez.Gew.) 乾(luft-trocken) ×100 | 全乾(absolut-trocken) | 硬度 最大 (Maximum) | 最小 (Minimum) | 平均 (Mittelwert) | 硬比 Härtequotient H/φ |
|---|---|---|---|---|---|---|---|---|---|---|---|
| 104 | Pinus massoniana Lamb. | 江蘇 Kiangsu | I | 1 | 11.38 | 51.6 | 43.2 | 2.52 | 2.19 | 2.36 | 4.57 |
| | | | | 2 | 11.52 | 51.7 | 43.5 | 2.56 | 2.12 | 2.34 | 4.53 |
| | | | | 3 | 11.76 | 52.7 | 44.7 | 2.90 | 2.25 | 2.58 | 4.90 |
| | | | | 4 | 11.97 | 54.1 | 45.4 | 2.96 | 2.38 | 2.67 | 4.91 |
| | | | | 5 | 11.70 | 52.3 | 44.6 | 2.65 | 2.25 | 2.45 | 4.68 |
| | | | | 6 | 11.74 | 52.5 | 44.3 | 2.85 | 2.30 | 2.58 | 4.91 |
| | | | II | 1 | 11.62 | 53.4 | 44.8 | 1.42 | 1.17 | 1.30 | 2.43 |
| | | | | 2 | 11.64 | 53.8 | 44.5 | 1.46 | 1.13 | 1.30 | 2.42 |
| | | | | 3 | 11.21 | 52.5 | 44.6 | 1.35 | 0.96 | 1.16 | 2.21 |
| | | | | 4 | 11.44 | 52.2 | 44.4 | 1.37 | 0.96 | 1.17 | 2.24 |
| | | | | 5 | 10.98 | 51.6 | 43.5 | 1.30 | 0.91 | 1.11 | 2.15 |
| | | | | 6 | 11.14 | 52.3 | 44.2 | 1.37 | 0.95 | 1.16 | 2.22 |
| | | | III | 1 | 11.29 | 51.2 | 43.3 | 1.32 | 0.88 | 1.10 | 2.15 |
| | | | | 2 | 11.42 | 52.5 | 43.7 | 1.44 | 0.95 | 1.20 | 2.29 |
| | | | | 3 | 11.72 | 53.0 | 45.1 | 1.49 | 1.13 | 1.31 | 2.47 |
| | | | | 4 | 11.75 | 53.6 | 45.4 | 1.46 | 1.15 | 1.31 | 2.44 |
| | | | | 5 | 11.44 | 52.6 | 43.6 | 1.42 | 0.91 | 1.17 | 2.22 |
| | | | | 6 | 11.52 | 52.9 | 44.3 | 1.49 | 1.03 | 1.26 | 2.38 |
| | | 平均 Im Mittel | I | | 11.68 | 52.5 | 44.3 | | | 2.50 | 4.76 |
| | | | II | | 11.34 | 52.6 | 44.3 | | | 1.20 | 2.28 |
| | | | III | | 11.52 | 52.6 | 44.2 | | | 1.23 | 2.33 |
| B564 | Pinus tabulaeformis Carr. var. densata Rehd. | 貴州 Kweichow | I | 1 | 9.33 | 56.4 | 51.9 | 2.66 | 2.26 | 2.46 | 4.36 |
| | | | | 2 | 10.23 | 57.2 | 51.6 | 2.70 | 2.30 | 2.50 | 4.37 |
| | | | | 3 | 10.76 | 62.4 | 52.6 | 3.02 | 2.34 | 2.68 | 4.29 |
| | | | | 4 | 10.81 | 62.6 | 53.7 | 3.12 | 2.48 | 2.80 | 4.47 |
| | | | | 5 | 10.36 | 58.5 | 53.0 | 2.80 | 2.25 | 2.53 | 4.32 |
| | | | | 6 | 10.56 | 60.1 | 52.4 | 2.86 | 2.26 | 2.56 | 4.26 |
| | | | II | 1 | 10.47 | 57.2 | 51.4 | 1.39 | 1.19 | 1.29 | 2.26 |
| | | | | 2 | 10.70 | 57.3 | 51.5 | 1.42 | 1.23 | 1.33 | 2.32 |
| | | | | 3 | 9.59 | 59.4 | 52.3 | 1.26 | 1.09 | 1.18 | 1.99 |
| | | | | 4 | 10.23 | 58.5 | 52.8 | 1.35 | 1.11 | 1.23 | 2.10 |
| | | | III | 1 | 10.27 | 56.9 | 51.5 | 1.39 | 1.17 | 1.28 | 2.25 |
| | | | | 2 | 10.42 | 58.2 | 51.6 | 1.32 | 1.19 | 1.26 | 2.16 |
| | | | | 3 | 9.47 | 58.6 | 52.2 | 1.26 | 1.09 | 1.18 | 2.01 |
| | | | | 4 | 9.97 | 59.4 | 53.7 | 1.32 | 1.13 | 1.23 | 2.07 |
| | | 平均 Im Mittel | I | | 10.34 | 59.5 | 52.5 | | | 2.59 | 4.35 |
| | | | II | | 10.25 | 58.1 | 52.0 | | | 1.26 | 2.17 |
| | | | III | | 10.03 | 58.3 | 52.3 | | | 1.24 | 2.12 |
| C3 | Pinus Thunbergii Parl. | 山東 Shantung | I | 1 | 12.63 | 55.6 | 46.3 | 2.52 | 2.12 | 2.32 | 4.17 |
| | | | | 2 | 11.70 | 56.3 | 47.5 | 2.66 | 2.19 | 2.43 | 4.32 |
| | | | | 3 | 10.26 | 58.8 | 50.7 | 3.06 | 2.56 | 2.81 | 4.78 |

中 國 木 材 之 硬 度 研 究　101

## 第 二 表　　輸 入 木 材 試 驗 結 果
### (Tabelle II. Untersuchungsergebnisse der importierten Hölzer)

| 試驗項目 (Nr. d. Probestämme) | 學名 (Wissenschaftlicher Name) | 產地 (Herkunft) | 切面 (Schnittfläche) I:橫(Quer) II:徑(Radial) III:弦(Tangential) | 試材項目 (Nr. d. Einzelprobe) | 含水率 (Feuchtigkeitsgehalt) % | 比重 (Spez. Gew.) 氣乾(luft-trocken) ×100 | 全乾(absolut-trocken) ×100 | 硬度 (Härtezahl) 最大(Maximum) | 最小(Minimum) | 平均(Mittelwert) | 硬比 (Härtequotient) H/φ |
|---|---|---|---|---|---|---|---|---|---|---|---|
| 148 | ** Abies sachalinensis Mast. | Russland | I | 1 | 11.05 | 46.0 | 37.8 | 2.52 | 2.01 | 2.27 | 4.93 |
| | | | | 2 | 12.42 | 44.5 | 35.2 | 2.12 | 1.51 | 1.82 | 4.09 |
| | | | | 3 | 11.78 | 45.2 | 36.0 | 2.26 | 1.85 | 2.06 | 4.56 |
| | | | | 4 | 12.28 | 45.7 | 35.5 | 2.19 | 1.65 | 1.92 | 4.20 |
| | | | | 5 | 11.56 | 46.5 | 36.1 | 2.34 | 1.70 | 2.02 | 4.34 |
| | | | | 6 | 11.26 | 46.8 | 36.6 | 2.44 | 1.91 | 2.18 | 4.66 |
| | | | II | 1 | 12.39 | 45.3 | 35.5 | 0.96 | 0.71 | 0.84 | 1.85 |
| | | | | 2 | 11.40 | 47.8 | 37.9 | 1.15 | 0.91 | 1.03 | 2.15 |
| | | | | 3 | 11.72 | 45.7 | 36.3 | 1.01 | 0.74 | 0.88 | 1.93 |
| | | | | 4 | 11.80 | 46.4 | 36.7 | 0.99 | 0.77 | 0.88 | 1.90 |
| | | | | 5 | 11.65 | 46.2 | 37.6 | 1.07 | 0.82 | 0.95 | 2.06 |
| | | | | 6 | 11.63 | 46.4 | 37.8 | 1.09 | 0.79 | 0.94 | 2.03 |
| | | | III | 1 | 12.33 | 45.5 | 36.9 | 0.99 | 0.74 | 0.87 | 1.60 |
| | | | | 2 | 11.10 | 47.6 | 37.4 | 1.13 | 0.95 | 1.04 | 2.18 |
| | | | | 3 | 11.52 | 46.0 | 36.3 | 1.05 | 0.86 | 96 | 2.09 |
| | | | | 4 | 11.57 | 46.6 | 36.6 | 1.05 | 0.79 | 92 | 1.97 |
| | | | | 5 | 11.38 | 47.3 | 37.3 | 1.07 | 0.88 | 0.98 | 2.07 |
| | | | | 6 | 12.08 | 45.9 | 35.7 | 1.01 | 0.82 | 0.92 | 2.00 |
| | | 平均 Im Mittel | I | | 11.73 | 45. | 36.3 | | | 2.05 | 4.46 |
| | | | II | | 11.77 | 46.3 | 37.0 | | | 0.92 | 1.99 |
| | | | III | | 11.66 | 46.5 | 36.8 | | | 0.95 | 1.99 |
| 154 | Pseudotsuga taxifolia Britt. | Nordamerika | I | 1 | 12.54 | 56.4 | 48.3 | 2.86 | 2.08 | 2.47 | 4.38 |
| | | | | 2 | 12.47 | 56.3 | 49.6 | 2.96 | 2.15 | 2.56 | 4.55 |
| | | | | 3 | 11.24 | 59.6 | 52.9 | 3.24 | 2.52 | 2.84 | 4.83 |
| | | | | 4 | 11.39 | 58.4 | 51.5 | 3.18 | 2.38 | 2.78 | 4.76 |
| | | | | 5 | 12.27 | 57.5 | 50.5 | 3.02 | 2.26 | 2.64 | 4.59 |
| | | | | 6 | 11.60 | 58.2 | 50.7 | 3.02 | 2.30 | 2.66 | 4.57 |
| | | | II | 1 | 12.00 | 57.7 | 49.5 | 1.49 | 1.07 | 1.28 | 2.22 |
| | | | | 2 | 11.93 | 57.5 | 51.8 | 1.51 | 1.09 | 1.30 | 2.26 |
| | | | | 3 | 11.61 | 58.8 | 52.6 | 1.57 | 1.13 | 1.35 | 2.30 |
| | | | | 4 | 12.09 | 56.4 | 49.7 | 1.46 | 0.99 | 1.23 | 2.18 |
| | | | | 5 | 11.48 | 58.4 | 52.8 | 1.62 | 1.17 | 1.40 | 2.40 |
| | | | | 6 | 12.29 | 56.0 | 49.4 | 1.42 | 0.96 | 1.19 | 2.13 |
| | | | II | 1 | 12.42 | 57.5 | 49.5 | 1.35 | 0.96 | 1.16 | 2.02 |
| | | | | 2 | 11.22 | 59.8 | 53.1 | 1.67 | 1.37 | 1.53 | 2.54 |
| | | | | 3 | 11.56 | 59.2 | 51.9 | 1.57 | 1.23 | 1.40 | 2.36 |
| | | | | 4 | 11.97 | 58.9 | 51.9 | 1.49 | 1.28 | 1.39 | 2.36 |
| | | | | 5 | 12.16 | 58.7 | 50.3 | 1.44 | 1.13 | 1.29 | 2.20 |
| | | | | 6 | 12.21 | 57.3 | 50.6 | 1.39 | 1.07 | 1.23 | 2.15 |
| | | 平均 Im Mittel | I | | 11.92 | 57.7 | 50.6 | | | 2.67 | 4.61 |
| | | | II | | 11.90 | 57.5 | 51.0 | | | 1.29 | 2.25 |
| | | | II | | 11.92 | 58.6 | 51.2 | | | 1.33 | 2.27 |
| 149 | Chamaecyparis nootkatensis Sudw. | Nordamerika | I | 1 | 10.62 | 47.5 | 41.2 | 2.26 | 1.30 | 1.78 | 3.74 |
| | | | | 2 | 10.25 | 47.7 | 40.6 | 2.34 | 1.51 | 1.93 | 4.05 |
| | | | | 3 | 9.78 | 48.9 | 44.8 | 2.56 | 1.70 | 2.13 | 4.26 |
| | | | | 4 | 9.88 | 49.3 | 42.7 | 3.06 | 1.94 | 2.50 | 5.07 |
| | | | | 5 | 10.14 | 48.4 | 41.7 | 2.26 | 1.42 | 1.84 | 3.80 |
| | | | | 6 | 9.87 | 48.9 | 42.3 | 2.48 | 1.78 | 2.13 | 4.36 |

10 )

中　國　木　材　之　硬　度　研　究　　　103

# 第三表　各斷面試驗結果比較表

(Tabelle III. Angabe vom Vergleichen der vorgenommenen Untersuchungsergebnisse)

| 硬度序數 (Ordnungsnummer n. der Harte der Hölzer) | 硬度級數 (Hartegrad) | 學名 (Wissenschaftlicher Name) | 中名 (Chinesischer Name) | 切面 (Schnittfläche) | 含水率 (Feuchtigkeitsgehalt) % | 氣乾 (lufttrocken) ×100 | 全乾 (absolutrocken) ×100 | 硬度 (Härtezahl) |
|---|---|---|---|---|---|---|---|---|
| 1 | | Paulownia tomentosa Steud. | 泡桐 | I | 11.46 | 36.5 | 28.9 | 1.71 |
| | | | | II | 11.54 | 36.6 | 29.0 | 0.79 |
| | | | | III | 11.58 | 37.0 | 28.9 | 0.85 |
| | | | | I | 100 | 100 | 100 | 100 |
| | | | | II | 101 | 100 | 100 | 46 |
| | | | | III | 101 | 101 | 100 | 50 |
| 2 | | Cryptomeria japonica D.Don. | 柳杉 | I | 10.20 | 40.5 | 30.8 | 1.79 |
| | | | | II | 10.13 | 40.4 | 31.1 | 0.87 |
| | | | | III | 10.28 | 40.6 | 31.1 | 0.89 |
| | | | | I | 100 | 100 | 100 | 100 |
| | | | | II | 99 | 100 | 101 | 49 |
| | | | | III | 101 | 100 | 101 | 50 |
| 3 | 材 | Cunninghamia lanceolata Hook. | 杉木 | I | 11.55 | 43.0 | 35.4 | 1.88 |
| | | | | II | 11.49 | 43.0 | 33.8 | 0.90 |
| | | | | III | 11.59 | 43.0 | 33.8 | 0.89 |
| | | | | I | 100 | 100 | 100 | 100 |
| | | | | II | 99 | 100 | 95 | 48 |
| | | | | III | 100 | 100 | 95 | 47 |
| 4 | | Salix babylonica Linn. | 水柳 | I | 9.69 | 46.2 | 38.9 | 1.96 |
| | | | | II | 9.84 | 46.2 | 38.8 | 0.90 |
| | | | | III | 9.59 | 44.1 | 38.9 | 0.89 |
| | | | | I | 100 | 100 | 100 | 100 |
| | | | | II | 102 | 100 | 100 | 46 |
| | | | | III | 99 | 95 | 100 | 45 |
| 5 | 林 | Salix wilsonii Seem. | 河柳 | I | 10.25 | 46.2 | 40.9 | 1.98 |
| | | | | II | 10.38 | 46.1 | 40.8 | 0.97 |
| | | | | III | 10.43 | 47.5 | 41.1 | 0.91 |
| | | | | I | 100 | 100 | 100 | 100 |
| | | | | II | 101 | 100 | 100 | 49 |
| | | | | III | 102 | 103 | 100 | 46 |
| 6 | 丁 | Cunninghamia lanceolata Hook. | 杉木 | I | 10.79 | 40.3 | 32.1 | 1.99 |
| | | | | II | 10.62 | 40.4 | 32.3 | 0.92 |
| | | | | III | 10.72 | 40.5 | 32.4 | 0.91 |
| | | | | I | 100 | 100 | 100 | 100 |
| | | | | II | 98 | 100 | 101 | 46 |
| | | | | III | 99 | 100 | 101 | 46 |
| 7 | | Populus adenopoda Maxim. | 棉楊 | I | 10.68 | 46.1 | 40.2 | 2.00 |
| | | | | II | 11.09 | 46.0 | 40.1 | 0.93 |
| | | | | III | 11.04 | 46.0 | 40.2 | 0.90 |
| | | | | I | 100 | 100 | 100 | 100 |
| | | | | II | 95 | 100 | 100 | 47 |
| | | | | III | 103 | 100 | 100 | 45 |

（103）

164

中 國 木 材 之 硬 度 研 究　　131

## 第 二 圖

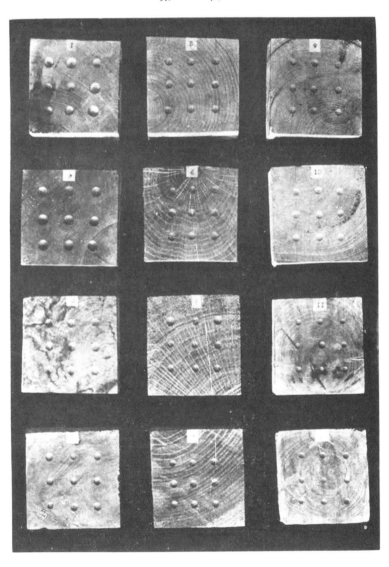

闊 葉 樹 材（横斷面）

132　　金 陵 學 報　第五卷　第一期

第 三 圖

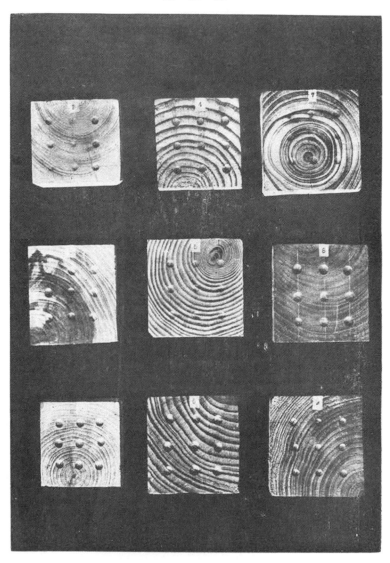

針 葉 樹 材（橫斷面）

（ 132 ）

134　　金陵學報　第五卷　第一期

第五圖　硬度試驗之實況
（ 134 ）

# 中國中部木材之强度試驗

金陵大學農學院　　中央大學工學院

朱會芳　　　陸志鴻

## 目　次

## 緒　言

吾國幅員，雖具有温寒熱三帶，而温帶實居其大半，故樹木之品種，爲數甚夥，尤以温帶植物之豐富。爲世所罕有。然樹木之品種既不一，則木材之機械性質亦異，又因其機械性質不同，則木材使用之途，亦自有殊。是以各屬樹種，欲知其造林之價值，適當之用途，則材性之研究，尤爲必要。

夫木材强度性質之研究，在歐洲林學先進諸國，已於數十年前，着手試驗，最近美國日本印度朝鮮及台灣等，咸注力於各材性質之探討，頗有顯著之進步。環顧吾國，對於與國家經濟有關之木材，迄今尚鮮有加以研究者。著者有感於斯，自一九三一年以來，卽從事搜集國內主要木材及主要輸入材，凡其外觀之性質比重及諸種機械性質等，均經加以鑑別與試驗，以供林業界及工程界之參考資料。

本篇「中國中部木材之强度試驗」爲一初步之比較試驗，但以材料搜集之範圍極狹，所得供試材之數甚少 未能得充分之結果。頗引以爲憾焉，尚祈讀者有以諒之。

## II　供試材

### 1.　供試材之種類

本試驗中之供試材種，爲中國中部建築土木及其他工藝應用之木材。其森林之分布，依森林植物帶而論，一部雖屬於寒暖二帶，而其大部分，則屬於溫帶之區域。

茲將各供試材種別分布採集地供試木之狀態及外觀之性質等，摘要如次。

80　　　　中　華　農　學　會　報　　　　第一二九，三〇期

## 八．針葉樹材

| 學　名 | 產　地 | 參林狀況 | 探驗葉目 | 樹齡 | 樹高(m.) | 胸高直徑(cm.) | 外　觀　之　性　質 |
|---|---|---|---|---|---|---|---|
| 銀杏 Ginkgo biloba, Linn. 尤多此樹 | 中國及日本 吾國寺院附近 | 與疏多貝杉相混 混生 | 78 | 三一 | 三一六・四 | 一九・五 | 材黃白色心邊材之境界不甚顯明 春材向秋材之移行極審連材質緻密柔軟 |
| 榧樹 Cephalotaxus fortunei, Hook. | 浙江湖北四川雲南及廣東等省 | 與杉柳杉等 混生 | 97 | 三五 | 三一〇・〇 | 一四・五 | 材未黃白色心邊材之區別全不明顯 春材向秋材之移行緻密而硬 |
| Torreya grandis, Fort. | 產浙江江西四川湖北 | 同　上 | 83 | 二六 | 九・三一五 | | 邊心材之區別稍明瞭 邊材之黃白色 心材黃白色 年輪界甚明晰 明度隨年輪之狹而緻密堅硬有柔練之色彩 |
| 鐵松 Pinus massoniana, Lamb. | 中國中部及南部 | 南京與櫟林混生林 婺龍山相混 | 104 | 三九 | 三一八・〇 | 三二一 | 心邊材之區別刺明 心材帶未稠 色邊材淡白色 春材向秋材之移行緻密 年輪境界級明音氣強 |
| Pseudolarix amabilis, Rehd. | 原產中國之特產分布於浙江江西安徽 | 與杉馬尾松等 混生 | 6 | 三三 | 三一四・三一五 | | 心邊材之區別不明瞭 春材與秋材 心材緋紅 邊界不明顯 紅褐色柔軟 材質柔韌 |
| 杉木 Cunninghamia lanceolata, Hook. | 為中國之原產 廣分布於中國南部 | 純林相混生密 通中生長良好 | 82 | 三二 | 三一五・一一四 | | 邊材炭白色心材紅棕色之切口常見 五分必有烈刺存之白色結晶物材質通直 軟而緻木理通直 |

森林专号　　中国中部木材之强度试验　　81

## A.

| 中名 | 学名 | 分布 | 采集地 | 森林状况 | 探号(集号) | 树龄 | 树高(m) | 胸直(cm) | 外观之性质 |
|---|---|---|---|---|---|---|---|---|---|
| 柳杉 | Cryptomeria japonica, D. Don. | 为中国南部之树材在湘黔粤桂等省多天然林 | 同上 | 钝林生育极佳 | 81 | 三二 | 一七 | 四二〇·五〇 | 心材与边材之境界显明边材淡色或淡赤色白色愈用愈耐久年轮境界判明木理通直加工容易 |
| 扁柏 | Thuja Orientalis, Linn. | 为中国之原产分布于吾闽东北部及朝鲜寺庙或墓地多栽植之 | 南京老虎山 | 引阔混交杂林相疏 | 105 | 四二—一九·二三四 | 五〇 | | 心材淡褐色边材黄白色择秋阔心材部顶端之差不著材质软密稍硬 |
| 圆柏 | Juniperus Chinensis, Linn. | 分布于我国东北数省共他寺院墓地附近水多植之 | 南京北固山 | 散生 | 113 | 四二—一七二·二—七 | | | 心边材之区别极明瞭心材赤褐色边材黄白色而狭年轮幅密从色边材呈软厚性质坚实一狭者愈密绝阔之年光泽富有之容紧 |

## B. 阔叶树材

| 中名 | 学名 | 分布 | 采集地 | 森林状况 | 探号(集号) | 树龄 | 树高(m) | 胸直(cm) | 外观之性质 |
|---|---|---|---|---|---|---|---|---|---|
| 响叶杨 | Populus adenopoda, Maxim. | 分布于黄河及扬子江流域 | 浙江天目山 | 阔叶树混交林相稍疏 | 80 | 二六 | 一三·〇 | 一九·〇 | 心边材同属白色或带淡赤色材质较密而生长疏之色材质较密而软有光泽纤维强韧 |
| 垂柳 | Salix babylonica, Linn. | 分布区域甚广我国河岸到处见之 | 南京太平门外 | 河岸树 | 107 | 一五·九·〇 | 二五·〇 | | 边材白色心材部赤褐色年轮不易别材质轻软乾乾时材不易弯曲老材色泽有光泽中心多腐朽 |

| 中名 | 學名 | 分布 | 採集地 | 株林狀況 | 採集號目 | 樹齡 | 樹高(m.) | 胸直(cm.) | 外觀之性質 |
|---|---|---|---|---|---|---|---|---|---|
| 化香樹 | Platycarya strobilacea, S. et Z. | 分布於長江流域尤以江浙為最多 | 浙江天目山 | 散生 | '25 | 二七 | 一二·五 | 一〇 | 心材暗褐色邊材淡黃白色浮者均帶孔材材質粗鬆不易割裂 |
| 青錢李 | Pterocarya paliurus, Batal. | 分布於浙江四川湖北 | 同上 | 同上 | 39 | 二四 | 九·四 | 一三·〇 | 心材赤褐色邊材白色有光澤材質堅硬甚難劈裂 |
| 野核桃 | Juglans cathayensis, Dode. | 分布於浙江四川湖北及雲南 | 同上 | 同上 | 71 | 一·八 | 一一·三 | 一六·五 | 心材褐色邊材灰白色質輕軟粗鬆無反覆破折裂之處 |
| 山核桃 | Carya cathayensis, Sarg. | 為浙江之特產尤以昌化多雙等縣出產最著 | 同上 | 與其他闊葉樹混生林相相疎 | 79 | 一一 | 一五·一 | 七·〇 | 心材暗褐色邊材帶灰白色材質堅靭 |
| 千筋榆 | Carpinus fargesiana, Winkl. | 產浙江湖北四川及貴州等省 | 同上 | 多與樵櫟樺檜等樹混交林相相疎 | 10 | 三〇·一 | 二三·一 | 一四·五 | 材灰白色肌理介牌帶之有光澤亦堅硬雞劈裂 |
| 錐栗 | Castanea henryi, R. and W. | 產浙江江西四川湖北及貴州等省 | 同上 | 同上 | 101 | 一七 | 一六 | 一三·二 | 材黃白色久浸於水中則變淺黑色材質堅硬而甚易割裂能耐水 |
| 板栗 | Castanea mollissima, Bl. | 分布區域甚廣以長江流域為最多 | 同上 | 同上 | 1 | 三八·一 | 三·二 | 〇·八 | 材炭黃白色質堅硬黑色材質堅硬而甚易割裂能耐水濕 |

| 中名 | 學名 | 分布 | 採集地 | 森林狀況 | 採集集號 | 樹齡 | 樹高(m.) | 胸直徑(cm.) | 外觀之性質 |
|---|---|---|---|---|---|---|---|---|---|
| 茅栗 | Castanea seguinii, Dode. | 產浙江江西安徽湖北及四川等省 | 同上 | 散生於常綠闊葉樹林中 | 8 | | 三一九.五 | 三三.〇 | 材色似板栗而耐朽質亦堅硬而軍易割裂 |
| 石櫟 | Lithocarpus henryi, Rehd. and wils. | 產浙江湖南福建及廣東等省 | 浙江天目山 | 與其他常綠闊葉樹混生 | 15 | | 二四八.五 | 一三.〇 | 木材淡褐色而略帶紫色材質堅硬緻密 |
| 槲樹 | Quercus aliena, Bl. | 分布於江浙湖北四川等省 | 同上 | 散生於樸樹闊葉樹林中 | | | | | 邊材淡赤色心材暗褐色材質堅硬易反張 |
| 枹櫟 | Quercus glandulifera, Bl. | 分布於中國中北部 | 同上 | 與其他闊葉樹混生 | 18 | | 二九一〇.五 | 一五.〇 | 邊材灰白色心材帶黃褐色材質堅硬而粗 |
| 常綠櫟 | Quercus glauca, Thunb. | 分布於中國南部諸省 | 同上 | 與其他常綠闊葉樹混生 | 100 | | 二九.五 | 一三.五 | 材灰白色污狀心材色稍暗材質堅致 |
| 青栲 | Quercus myrsinaefolia, Bl. | 產浙江湖北四川廣東雲南等省 | 同上 | 同上 | 4 | | 二四八.〇 | 一一.五 | 邊材灰白色邊材灰白色有褐心材易割裂乾時易反張 |
| 櫟樹 | Quercus serrata, Thunb. | 我國南部及中部岩產之尤以長江及黃河流域為最多咸混生山生 | 南京 | 多與馬尾松混生及林內雜羅草甚 | 111 | | 一五八.〇 | 一七.〇 | 心材淡紅色邊材灰白色有褐大之髓線甚閃明材質硬重易割裂乾時易反張 |

| 中名 | 學名 | 分布 | 採集地 | 森林狀況 | 探集號集目 | 樹高(m.) | 胸直(cm.) | 外觀之性質 |
|---|---|---|---|---|---|---|---|---|
| 攢天楡 | Ulmus japonica, sang. | 分布於山三省河北及山東浙江亦產之 | 浙江 天目山 | 散生於闊葉樹混交林中 | 102 | 二六·一 | 一五·〇 | 邊材淡褐色心材赤褐色材質堅而較難裂裂能耐水濕 |
| 郎楡 | Ulmus parvifolia, Jacq. | 分布於長江流域 | 南京 老虎山 | 散生 | 114 | 三四·一三 | 一四·一六 | 心材黃褐色邊材黃白色爲楡類中最堅硬而有靱力之材割裂雖雜保存期長 |
| 朴樹 | Celtis sinensis, Pers. | 分布於山東江蘇浙江江西及廣東等省 | 北固山山麓 | 散生 | 109 | 三〇·一四 | 五·二二 | 材黃白色年輪寬質軟几粗而富有靱力易腐朽保存期短 |
| 糙葉樹 | Aphananthe aspera, Planch. | 分布於中國中南部 | 浙江 天目山 | 同上 | 96 | 四〇·一四 | 二〇·〇五 | 邊材淡黃色心材黃褐色稍帶黑材質堅重強割裂雜保存期短 |
| 桑樹 | Morus alba, Linn. | 分布於中國及日本尤以浙江江出產最多 | 南京 蟠龍山 | 孤立木 | 106 | 二五·九 | 九·八二四 | 邊材黃白色心材黃褐色肌理通直而美跑之則生美麗之光澤材質堅硬而碩 |
| 玉蘭 | Magnolia denudata, Desr. | 爲中國原產分布浙江江蘇江西等省 | 浙江 天目山 | 與其他闊葉樹混生 | 98 | 二八·一五 | 一〇·〇四〇·〇 | 材色白而微帶淡現色材質緻密而較有光澤 |
| 木蘭 | Magnolia liliflora, Desr. | 分布於長江流域 | 同上 | 同上 | 89 | 一五·一四 | 七·二六·五 | 材白色有光澤材質與玉蘭同 |

174

| 中名 | 學名 | 分布 | 採集地 | 森林狀況 | 採號集計 | 樹齡 | 胸直徑 cm | 樹高 m | 外觀之性質 |
|---|---|---|---|---|---|---|---|---|---|
| 樟樹 | Cinnamomum camphora, Nees and Fberm. | 為中國之特產廣分布於浙閩粤臺等省 | 同上 | 散生 | 85 | 三二一 | 四四〇 | | 心材帶黃褐色邊材色稍淡材質堅實中庸五材色光澤且有香氣保存期長 |
| 閩莱棕 | Litsea auriculata, Chien. and Cheng. | 分布於中閩南部中部及臺灣等 | 同上 | 次生於雜木林中 | 65 | 二六一 | 三七 | 一三・〇 | 邊材白色心材黃褐色材質堅軟中庸 |
| 楓香 | Liquidambar formosana, Hance. | 分布於中閩南部中部及臺灣等 | 同上 | 與其他落葉闊葉樹混生 | 94 | 二一〇 | 五・四 | | 材帶紅灰褐色心材色稍深年輪顯明肌理通直材質略硬中庸 |
| 菁皮梨 | Pyrus serotina, Rehd. | 分布於河南湖北四川浙江等省 | 同上 | 散生於雜木林中 | 5 | 一八一 | 九・〇 | 一五・〇 | 材漿褐色邊心材之境界不明材質緻密 |
| 布驪（廣東） | Photinia beauverdiana, Schneid. | 分布於中國中南部 | 同上 | 同上 | 20 | 四二一 | 一三・〇 | | 邊材淡黃色心材暗紅褐色材質扎堅健 |
| 石楠 | Photinia serrulata, Lindl. | 同上 | 南京譚盤山 | 散生 | 110 | 三九八 | 一七・〇 | | 木材淡質白色至中心則呈暗紅褐色材質堅硬硬緻密割裂難 |
| 猴樝于 | Crataegus hupehensis, Sarg. | 分布於浙江河南及湖北等省 | 浙江天目山中 | 散生於雜木林 | 49 | 二七一 | 一〇・〇 | | 木材帶紅黃白色心材色稍深材質堅硬 |

| 中名 | 學名 | 分布 | 採集地 | 森林狀況 | 採集號目 | 樹齡 | 樹高 m. | 胸徑 cm. | 外觀之性質 |
|---|---|---|---|---|---|---|---|---|---|
| 苔櫻樹 | Prunus brachypoda Var. pseudosiari, Koehne. | 分布於浙江湖北四川及河藏 | 同上 | 同上 | 22 | 三〇 | 九・〇 | 一四・五 | 心邊材判明邊材梢黃白色心材黃綜色有絹光材質堅靱緻密 |
| 櫻 桃 | Prunus pseudocerasus, Lindl. | 分布於長江流域 | 同上 | 同上 | 14 | 二六 | 八・五 | 一四・一 | 邊材淡綜色心材帶紅暗褐色木材橫斷面上常現無視則之綜色斑點材質堅密易測裂 |
| 苔李 | Prunus salicina, Lindl. | 分布於江浙湖南湖北四川及雲南等省 | 同上 | 同上 | 7 | 三一 | 六・八 | 一三・五 | 邊心材之境界顯明邊材白色心材帶綜褐色腦線細微微徙而硬 |
| 山槐 | Albizzia kalkora, Prain. | 分布於中國中南部 | 同上 | 同上 | 42 | 二六 | 一〇・五 | 一四・五 | 邊材帶黃白色心材勤帶褐色限孔觸明材質粗而軟 |
| 槐 | Maackia chinensis, Takéda. | 分布於中國北部及中部 | 同上 | 同上 | 16 | 二九 | 一四 | 一七・〇 | 邊材帶黃白色此狹心材綜色材質堅硬邊材有粘力 |
| 黃檀 | Dalbergia hupeana, Hance. | 兇中國中部之重要材以浙江區為最多 | 同上 | 與樸抱等樹混交生 | 62 | 三四 | 一三 | 五・一八・九 | 材色淡灰心邊材之區別不明材質緻密重量尨有朝性 |
| 臭椿 | Ailanthus altissima, Swingle. | 分布於中國北部及中部尤以黃河流域為最多 | 同上 | 放生於雜林中 | 72 | 一八 | 一二 | 一五・一〇 | 邊材黃白色心材黃褐色大年輪判明腦線褐米通直有光澤材質硬度通中椙易測裂 |

| 名稱 | 分布 | 採集地 | 森林狀況 | 試木項目 | 樹幹高(樹逵 m.) | 胸徑(m.) | 外觀之性質 |
|---|---|---|---|---|---|---|---|
| 交讓木 Daphniphyllum macropodum, Mig. | 分布於浙江湖北湖南及四川各省 | 同上 | 同上 | 11 | 八·九 | 一〇·五 | 材灰色無心邊材之區別材質細密而級 |
| 山桐 Mallotus apelta, Muell.-arg. | 分布於中國中南部 | 同上 | 同上 | 68 | 二七·七 | 一三·五 | 材淡次褐色無心材年輪顯明材質輕軟中庸而稍裂易 |
| 油桐 Aleurites fordii, Hemsl. | 分布區域甚廣以四川湖北及湖南北產最多 | 同上 | 與櫟山核桃等樹混生 | 93 | 一四·七 | 一一·〇 | 材灰白色無邊心材之區別木理通直材質較密而柔軟 |
| 烏桕 Sapium sebiferum. Roxb. | 為北國南方之原産現長江流域及黄河以南一帶多栽植之 | 同上 | 多生於南傾山麓 | 05 | 三九·〇 | 一四·〇 | 材勁褐色邊材質堅有年計 |
| 腊腸木 Rhus javanica, Linn. | 分布於長江流域 | 同上 | 與其他落葉闊葉樹混生 | 56 | 二一·〇 | 一六· | 邊材污白色幅狹心材淡褐色材質輕軟絶側側裂粗雜 |
| 青楷槭 Acer davidii, Franch. | 分布區域甚廣中國中南部多產之 | 同上 | 與櫟槠等樹混生 | 64 | 一五 | 四·〇 | 材黃白色帶淡紅年輪顯明材質堅密 |
| 槭樹 Acer palmatum, Thunb. | 分布於江浙及江西等省 | 同上 | 同上 | 26 | 三一·二 | 六·五 | 材帶黃白色而微紅無邊心材之光澤材質堅密易割裂 |

88　　　　　　　中華農學會報　　　　第一二九，三〇期

| 中名 | 學名 | 分布 | 採集地 | 森林狀況 | 探集木集叢 | 樹齡 | 胸高 (m.) | 胸直 (cm.) | 外觀之性質 |
|---|---|---|---|---|---|---|---|---|---|
| 鷄爪槭 | Acer pictum, Thunb, | 分布於東三省河北及四川 | 同上 | 同上 | 103 | 二八 | 一一·四 | 一五·〇 | 材黃白色髓線細而有光年輪正圓材質堅緻緊密易剖裂 |
| 椴樹 | Tilia tuan, Szyszyl. | 爲中國中部之針材 | 同上 | 與其他落葉闊葉樹混生 | 75 | 三三 | 二二·八 | 二〇 | 材黃白色髓線勻細有絹絲光澤材質輕軟機器加工易抗溼力弱 |
| 梧桐 | Firmiana simplex, Wight. | 爲吾國原產遍分布於黃河及長江流域 | 南京北圖山城 | 散生 | 108 | 一九 | 一二·〇 | 二一·〇 | 材黃白色年輪界限扎及隨綫均顯明類似呆梓材木理機緻輕軟易剖裂反張 |
| 油茶 | Thea Oleosa, Lour. | 爲我國中南部之樹種以浙江江西福建湖南等省出庄最多 | 浙江天目山 | 多與胡桃科樹種混生 | 92 | 二九 | 七·〇 | 一〇·五 | 材棕色中心色稍濃材質堅硬而密緻剖裂 |
| 油金郎（湖北） | Stewartia gemmata, Chen&Cheng | 產浙江江西湖北及四川 | 同上 | 散生於雜木林中 | 41 | 三二 | 七·五 | 一一·〇 | 邊材黃白色心材紫褐色材質堅緻緻密 |
| 椵樹 | Idesia polycarpa Maxim. | 分布於浙江江西湖北及四川等省 | 同上 | 同上 | 9 | 三八 | 一四·〇 | 一六·〇 | 邊材黃白色心材常帶灰白色木理通直有絹光材質輕軟易割裂 |
| 槴木 | Alangium Chinensis. Rchd. | 爲中國溫帶之樹材 | 同上 | 同上 | 21 | 三二 | 一一·九 | 一〇·〇 | 材淡灰褐色無心邊材之區別材理通直有絹光質軟易割裂 |

| 中名 | 學名 | 分布 | 採集地 | 森林狀況 | 採號 | 樹齡(樹高 m) | 胸直 cm | 外觀之性質 |
|---|---|---|---|---|---|---|---|---|
| 三葉刺楸 | Acanthopanax evodiaefolius, Franch. | 分布於浙江江西四川湖北及雲南等省 | 同上 | 同上 | 34 | 三一·九 | 一五·〇 | 心材褐灰色邊材白褐色木甲通直有美麗細紋較密光材貿易施工 |
| 刺楸 | Acanthopanax ricinifolium, Seem. | 產於東三省浙江福建四川湖北及紫貴等省 | 同上 | 與其他落葉闊葉樹混生 | 67 | 二·七一六 | 二〇三 | 心材淡褐色邊材灰黃色木理通直而有机材質硬度中庸易施工絢倒之則也如樹材之光澤 |
| 楤木 | Aralia Chinensis, Linn. | 產中國中南部之野林 | 同上 | 於生於雜木林 | 76 | 二三 | 八·五一三 | 邊材淺褐帶黑心材黑褐色色材質鉋削射材而狀加工易 |
| 水木 | Cornus Controversa, Hemsl. | 分布於山東浙江西四川湖北及湖南等省 | 同上 | 同上 | 12 | 三四 | 一·三六 | 邊材黃白色心材淺褐色單輪界判明材質輕軟易施工 |
| 四照花 | Cornus kousa, Buerg. | 產浙江江西湖北四川 | 同上 | 同上 | 45 | 二〇 | 六·二九·五 | 邊材黃白色心材桃紅色材質堅硬緻密 |
| 胭脂紅 | Rhododendron mariesii, Hemsl. & Wils. | 分布於浙江江西湖北 | 同上 | 與其他闊葉樹混生 | 17 | 三六 | 七·五一六 | 木材跟褐黃色心材色色輪深材貿硬重則裂雄 |
| 白辛樹 | Pterostyrax corymbosum, S. et Z. | 分布於浙江江西及湖南等省 | 同上 | 同上 | 19 | 三一·九七一三五 | | 材白色無澤心材之區別有銀白色之光澤材貿輕軟而削 |

| 中名 | 學名 | 分布 | 採集地 | 森林狀況 | 供試木 採集號目 | 胸徑 cm. | 樹高 m. | 外觀之性質 |
|---|---|---|---|---|---|---|---|---|
| 山茶科 灰木 | Symplocos congesta, Benth. | 產浙江廣東 | 同上 | 散生於雜木林中 | 32三二三 | 八、四 | 一一、五 | 材白色年輪稍削明髓鞘導管均勻細密材質緻密堅韌有劈力無反段折裂之虞 |
| 過冬青 (浙江) | Symplocos crassifolia, Benth. | 同 | 上 | 同 上 | 33三五 | 九、六 | 一三、五 | 材白色帶淡黃材質同前 |
| 白檀 | Symplocos paniculata, Wall. | 同 | 上 | 同 上 | 70二九 | 七、八 | 一八、三 | 材色白質較前稍削稍組木硬與前無二緻均可代黃楊之用爲製造尺度及小工藝之良好材料 |
| 白蠟樹 | Fraxinus chinensis, Roxb. | 分布於閩北部及中部 | 同 | 與櫟枸諸等混生 | 53二〇 | 八、〇 | 一一、五 | 邊材微白色心材色帶暗年輪有利明材質剛勁有粘力半富有彈性保存期長 |
| 香果木 糊狗耳 (四川) | Enmenopteryx henryi, Oliv. | 分布於浙江湖南四川雲南等省 | 同 上 | 散生於雜木林中 | 29三六一 | 〇、〇 | 一四、〇 | 邊材白色心材淡條紋色斷面有銀白色之光澤材質輕軟而敏 |
| 風箱樹 | Cephalanthus occidentalis, Linn. | 產浙江福建貴州廣西 | 同 | 上 | 86二三一一 | 〇 | 一六、五 | 邊材淡白色而褐心材黃色木理通直材質軟而無裂痕易割製刻剝時有特殊之香氣 |
| 黃金樹 | Catalpa speciosa, Warder. | 爲北美之原產吾閩長江流域曾栽培此樹 | 南京 | | 119二五 | 七、六 | 二四、〇 | 邊材白色心材褐色材質柔軟粗糙而富有彈力反稅裂分少材亦耐久 |

# Ｖ 結　論

由附表A,B得下列各項結論

(a) 强度

1.樹種對於強度之關係　觀表內結果各材種對於強度之關係，因強度種類而有參差。茲就最主要之抗彎，縱向抗壓，及縱向抗剪三種強度，將各材種比較其優劣，排列如下。其位於前方者較優於後者。

針葉樹

抗彎強度：　圓柏,扁柏,馬尾松,榧樹,美松,三尖杉，銀杏,金錢松,俄松,杉木,柳杉。

縱向抗壓強度：　圓柏,美松,榧樹,俄松,扁柏,三尖杉,銀杏,金錢松,馬尾松,柳杉,杉木。

縱向抗剪強度：　扁柏,圓柏,三尖杉,金錢松,銀杏,馬尾松,美松,俄松,柳杉,杉木。

闊葉樹

抗彎強度：　椰榆,布㯕,石楠,櫟樹,桑樹,槐槐,青桴,青皮梨,錐栗,山茶葉灰木,苦李,油茶,圓葉樟,四照花,黃檀,椏木,山核桃,猴樻子,白檀,鷄爪槭,楓樹,樱桃,白辛樹,茅栗,石櫟,朴樹,梧桐,鑽天榆，化香樹,苦桃,千筋榆,青錢李,夾讓木,楓香,黃金樹,木蘭,榔櫟,油金即,板栗,山桐,風箱,油桐，糙葉樹,山槐,青榨槭,白膽樹,垂柳,樟樹,槵木,玉蘭,香果木,烏柏,刺楸,椴樹,青剛櫟,野核桃,椅葉,臀葉楊,水木,三葉刺楸。

縱向抗壓強度：　苦李,桑樹,椰榆,布㯕,石楠,櫟樹,青皮梨,過多青

106　　　　　　　中　華　農　學　會　報　　　　第一二九，三〇期

，化香樹，懷槐，靑栲，苦桃，石櫟，油茶，朴樹，圓葉樟，猴樝子，糙葉樹，黃檀，靑錢李，山茶葉灰木，鷄爪械，板栗，白檀，野核桃，錐栗，械樹，黃金樹，，茅栗，木蘭，梧桐，櫻桃，山槐，四照花，槲櫟，千筋榆，白辛樹，糧木，山桐，鑽天榆，白臘樹，山核桃，楓香，油金朗，靑榨械，風箱，玉蘭，水木，刺楸，彎葉楊，交讓木，樟樹，靑剛櫟，椴樹，垂柳，油桐，楤木，香果木，烏柏，椅樹，三葉刺楸。

　　縱向抗剪强度：　椰榆，黃檀，櫟樹，桑樹，布荳，油茶，石楠，白檀，靑栲，四照花，白臘樹，枹樹，械樹，油金朗，山核桃，千筋榆，石櫟，朴樹，過冬靑，山茶葉灰木，化香樹，靑剛櫟，苦李，苦桃，猴樝子，糙葉樹，鑽天榆，櫻桃，靑錢李，槲櫟，梧桐，山桐，胭脂紅，圓葉樟，櫃木，交讓木，烏柏，水木，白辛樹，靑皮梨，山槐，三葉刺楸，黃金樹，木蘭，板栗，風箱，鷄爪械，香果木，樟樹，楓香，垂柳，懷槐，臭椿，刺楸，楤木，油桐，茅栗，野核桃，椅樹，鹽膚木，響葉楊，椴樹，玉蘭。

　　2.比重對於强度之關係　觀試驗結果，木材强度與全乾比重共同增加。茲將抗彎强度及縱向抗壓强度對於比重之關係，示於第十四圖。此二種强度對於比重，均有直綫關係，而以抗彎强度對於比重之增加率爲大。茲將圖上二直綫之方程式求之如下。

　　　　　　抗彎强度對於比重：$f_r = 1230S$

　　　　　　抗壓强度對於比重：$f_c = 500_s + 65$

　　但$f_r$爲抗彎强度($kg/cm^2$)，$f_c$爲抗壓强度($kg/cm^2$)$S$爲全乾比重$f_c$之方程式中僅包括比重之在0.25以上者。茲將各材種就比重之大小排列如下。其在前方者比重較大。

　　針葉樹　圓柏，三尖杉，榧樹，扁柏，金錢松，美松，馬尾松，銀杏，俄

松,柳杉,杉木。

　　闊葉樹　四照花,石楠,榔榆,錐栗,油茶,布狸,青剛櫟,白檀，櫟樹，鑽天榆,雞爪槭,櫻桃,槭樹,槲櫟,糙葉樹,苦李,山核桃,青柃，櫪木，板栗,化香樹,山茶葉灰木,猴楂子,白臘樹,苦桃,朴樹,油金朗,梧桐,桑樹,青皮梨,槐槐,千筋榆,圓葉樟,交讓木,茅栗,石櫟,山桐,水木，楓香，刺楸,風箱,油桐,楤木,山槐,樟樹,白辛樹,烏桕,青榨槭,青錢李,香果木,黃金樹,野核桃,木蘭,三葉刺楸,椴樹,椅樹,響葉楊,垂柳,玉蘭。

　　(B) 硬度

　　1,加壓面對於硬度之關係　木材硬度之高低。無論針葉樹材或闊葉樹材。恆隨試材之加壓面而異。然各加壓面中。硬度之最大者爲橫斷面。徑斷面與弦斷面兩者硬度之差甚微。試就本試驗之成績觀之。針葉樹材十一種中。弦斷面之硬度大於徑斷面者有六種。闊葉樹材六十五種。兩者硬度之高低殆相半。

　　2,材種對於硬度之關係　硬度之大小。各材不一。茲就各材橫斷面之硬度而論。針葉樹材十一種。硬度最大者爲圓柏。次之爲三尖杉,樞。又次之爲金錢松,銀杏,扁柏,美松,馬尾松,俄松,杉木等。而最小者爲柳杉。

　　又闊葉樹材總數六十五種之中。硬度最大者爲苦李,次之爲油茶，四照花,槐槐,青皮梨,布狸,白檀,錐栗,黃檀,櫪木,青剛櫟,榔榆，胭脂紅。又次之爲青柃,櫟,過冬青,猴楂子,石楠,圓葉樟,板栗,雞爪槭,山茶葉灰木,苦桃,櫻桃,水木,石櫟,桑,柏,糙葉樹,交讓木,千筋榆,槭,油金朗,山核桃,鑽天榆,槲櫟,化香樹,青榨槭,青錢李,風箱,木蘭,山槐,楓香,楤木,茅栗,白辛樹,山桐,三葉刺楸,油桐,梧桐,刺楸,香果木,朴,白臘樹，野核桃,玉蘭,烏桕,鹽膚木,樟,椅樹,椴,黃金樹,臭椿,響葉楊等。而以垂柳為最小。

3,硬度階級　今將實驗材種之硬度。分硬度階級為五。又各級所屬之樹種。按其硬度之大小而順序排列之如次。

第一級　甚硬(卽硬度在五以上者)

苦李　油茶　四照花　懷槐　青皮梨　布狸　白檀　錐栗　黃檀
櫨木　青剛櫟　椰榆　胭脂紅

第二級　硬(卽硬度在四以上者

青栲　櫟　過冬青　猴樝子　石楠　圓葉樟　板栗　雞爪槭　山
茶葉灰木　苦挑　櫻桃　水木　石櫟　桑抱　糙葉樹　交讓木
千筋榆　槭　油金朗　圓柏　鑽天榆　山核桃

第三級　稍硬(卽硬度在三以上者)

三尖杉　槲櫟　化香樹　梔　青楮槭　青錢李　風箱　木蘭　山槐
楓香　椶木　茅栗　白辛樹　山桐　三葉刺楸　油桐　梧桐　刺楸　香
果木　朴　白臘樹　野核桃

第四級　軟(卽硬度在二以上者)

金錢松　扁柏　銀杏　美松　玉蘭　烏桕　鹽膚木　馬尾松　樟
椅樹　椴　黃金樹　臭椿　俄松　杉木

第五級　甚軟(卽硬度在一以上者)

響葉楊　柳杉　垂柳

## 參　考　書　籍

1. Lorey, T.　Handbuch der Forstwissenschaft. II. III. IV.
　　　　　Aufl.
2. Record, S.　Mechanical Properties of wood.
3. Koehler, A.　The Properties and Uses of Wood.

Forsaith, *C.C.*　The Technology of New York State Timbers. Technical Publication No. 18. of New York State College of Forestry at Syracuse University.

5. Ivey. G. F.　The Physical Properties of Lumber.

6. Hadeck, A. u. Jamka, G.　Utersuchungen über die Elastizität und Festigkeit der österreichischen Bauhölzer. Mitteilungen aus dem Forstlichen Versuchswesen österreichs. H. XXV.

7. Jauka, J.　Die Härte der Hölzer. Mitteilungen aus dem Forstlichen Versuchswessen österreichs H. XXXIX.

8. Bauschinger, J.　Mitteilungen aus dem Mechanisch-Technischen Laboraorium der K. Technischen Hochschule in München H. IX.

9. 朱會芳　　　　中國木材之硬度研究

# 松杉軌枕之强度比較試驗

## 朱　惠　方

## I.　緒　　論

鐵道軌枕(Sleepers)，乃保持軌條間隔之正確及平等分配荷重於路面也。

軌枕之材料，除木材外，雖有用鐵材及混凝土者，而查各國鐵道，實際需要軌枕數量，仍以木材軌枕爲大宗。然鐵材木材與混凝土三者，材料性質旣異，故其爲用，亦有顯著之差別。夫鐵材軌枕，不易磨損，使用年限長久，故減少修繕費用，恆達二〇至四〇年，亦有達五〇年，而不腐蝕者，歐洲以德國用之最多，我國僅膠濟一路使用鐵材而已。若夫混凝土軌枕，電車方面，早經使用，而應用於鐵道，爲近數年間事，然猶在試驗期中，尚未達普遍採用之趨勢。至若木材軌枕，價廉益富，軌條固定簡便，更換亦易，且富有彈力，緩和列車之震動。故今日各國軌枕，仍汛用木材，雖使用年限較短，而近施以防腐處理，亦得增加其耐久性焉。

　　近年來我國鐵道建設，須用軌枕數量甚鉅。據外來軌枕之統計：民國廿四年，輸入軌枕，達八，七五三，五九九元云。就已成鐵道而論，共長一萬三千一百廿五公里，以十四根計，當在一千八百三十七萬五千二百七十三根，每年更替之數，當在三百餘萬根以上。凡軌枕消費，佔養路費40％以上，爲材料中之第二大宗費用。

　　一般軌枕之來源，最多仰求國外，如美之洋松，美杉，澳洲之紅道木 (Jarrah)，日本之柞榆，均爲供給鐵道之習見材種。其由本國供給者，主爲黃花松紅松馬尾松杉柏水曲柳麻櫟柞榆粟等，種類雖繁，而以性質不明，採運無方，與夫造材乏術，致取用者向隅，而不得不求之於外材也。

　　茲者鐵道興築之勃發，軌枕需要之浩大，爲挽回漏卮計，故鐵道當局，會亦注意國產材木之選用。最近完成之浙桂鐵道，所敷軌枕，殆悉爲國產之松杉材也。

　　夫軌枕用材，材性之強弱比較，防腐處理之難易，於鐵道安全及經濟利用極有關係，誠有詳加研討之必要。適鐵道部購料委員會，以木材軌枕有關問題，商託本系代爲試驗研究，特送給國內外軌枕用材多種，同時更蒙中央工業試驗所，予以試驗機械之便利，並獲林祖心先生之熱心協助，殊爲欽感。

　　本文原題爲「中外軌枕用材之強度比較試驗」，第以七七事變，所有材種，未待試驗終結，即匆遽離京，至爲痛慨。茲僅就完成部分之洋松美杉與國產杉木之強度比較試驗，刊布於世，聊供林界及鐵道工程之參考資料耳。

## II.　試驗之目的

　　外材輸入數量，以美洲菲律賓與日本爲最，澳洲遇暹印度次之。而美國輸入木材尤以洋松爲首屈一指，其在中國用途極廣，幾成爲我國今日之重要用材。他若柳桉柚木桃花心木紫檀等，雖爲輸入硬材，然其量甚微，姑置勿論，而大宗輸入之洋松，似不得不謀補救之方，以塞漏卮。且夫國產松杉，生長既遠，

分布亦廣，盍宜檢其性質，精確比較，以期國產木材之替用。

往年外材輸入，從未加以檢驗，是否合乎標準規格，公允價值，固未注意。且其真偽莫辨，任其自由販賣，使我於無形中受莫大之損失。

要之，本試驗之目的，在明確杉木與洋松美杉等之材性，並比較其强度。一則辨別該材之真偽，一則覓取代用國產木材，以謀自給之道也。

## III.　供試材

### 1.　供試材之種類及其分佈

本試驗之供試材種，爲吾國鐵道通常應用之材料，茲將其分佈及生育情况，分述如次：

1.杉木 Cunnighamia sinensis, R. Br (英名 Chinese Fir)，俗稱沙樹正杉刺杉，爲我西南最重要之林木。一般商業上命名，恆隨產地而異，產自福建者曰建木或稱南木，產自皖與贛南者曰西木，產自湘黔桂者曰廣木，產自四川及湘黔交界者曰川木。在長江一帶，多用廣木與西木，南木則運赴沿海各大埠，或海外之台灣與南洋羣島，至川木僅供給西南各省需要而已。

杉木以暖帶(Castanetum)爲其鄉土。森林生育限界，以海拔1500m，北緯35°爲其極限，在其限界之內，須有濕度80%雨量500mm，且其生長期間溫度，亦須達22°C，故淮河流域，已非杉木生育之適地矣。

杉木爲我國之特產，分布甚廣，凡東南與西南諸省，莫不有其跡地。

杉木性屬半陰，生長頗遲，故福建一省，多用插木造林，爲吾國人工造林之最有成效可見者。苟於杉林，加以撫育，調節鬱閉，不難養成枝稀幹直之大材，最大之樹，直徑有達七八尺，高達十丈以上者，爲建築器具橋樑船艦通用之材。

2.洋松 Pseudotsuga taxifolia Britt 通稱花旗松(英名 Douglas Fir)，木材商場之命名，則因產地與材色而異。由材色之差異，而分爲二種：帶赤色者曰紅松 (Red Fir)，帶黃色者曰黃松 (Yellow Fir)。又以生產區域而別爲

4　　　　金陵學報　第九卷 第一·二期

Oregon Pine, Columbia Pine等。

　　洋松以暖帶(Castanetum)北部及溫帶(Fagetum)爲其中心鄉土，爲太平洋沿岸巨大之林木。在太平洋帶(Pacific Region)海拔500—2000m,緯度35—43°N,濕度80%,雨量90—140mm,生長溫度18—22°C。

　　洋松爲北美之特產，分佈極廣，占美國森林蓄積三分之一。太平洋沿岸，北至英領科倫比亞(Columbia)南達加州(California)及內地落機山脈(Rocky Mountain)一帶,悉爲其繁衍區域,其生產之富,利用之廣,無有出其右者,可爲美材之王。

　　洋松屬陽性,生長頗速,通常適地生長者,樹高百八九十呎,直徑三呎半至六呎;又樹高二百呎,直徑八至十呎以上者,亦屢見不鮮。依樹齡而論,經百五十乃至二百年,直徑即達三四呎,二百年乃至三百七十年,徑達四呎乃至八呎,四百三十五年以上,直徑恆達九呎,而最高樹齡有達四百年乃至五百年者。

　　此材幹既通直,質亦堅韌,保存期長,可供建築船艦車輛橋樑軌枕及其他各種用途,爲各方所賞用,故爲供給世界所需之重要材種,亦即輸入我國外材中數量最大之一種。

　　3.美杉 Picea Sitchensis, Trautvetter & Mayer 通稱美國松 (英名 Sitka Spruce, 亦有稱爲 Tideland Spruce, Airplane Spruce, Western Spruce等)。

　　美杉之生育,雖發端於溫帶(Fagetum)北部,而以寒帶(Picetum) 爲其中心鄉土,太平洋岸海拔 2000—2800m,緯度 55°N—60°N,濕度 80%,雨量500mm,生長溫度14°C,其鄉土之南限,即爲洋松之分佈區域。

　　美杉之產量,遠遜於洋松,木材市場之有美杉,初於歐戰後始聞其名。此木之分佈,太平洋岸自 Oregon 中部發端,北達 Alaska,其間所謂霧帶是也。又距海岸五十哩處之 Tideland 以及 Queen Charelotte 島分佈極廣,蓄積亦富。

　　美杉屬陰性,生長速度遠不及洋松,樹高普通八十呎乃至一百三十呎,直徑四十时乃至七十时,此木樹齡槪高,直徑四呎乃至六呎,樹高百五十呎至百

松杉軌枕之強度比較試驗　　　　　5

八十叺者,卽爲四百年至七百年生,老大者有達八百年以上。

此木材質輕柔,加工容易,爲裝飾材家具樂器紙凩料等,又最適爲飛機用材,爲他材所不及。美杉輸入我國,槪在近幾年間,然其量甚微。

2. 供試材料之準備

上述三種試材,槪爲角材,其中杉木乃採自湖南沅江與湘黔邊境（俗稱湘西苗杉）;洋松,美杉,悉爲輸入之素材,產自太平洋沿岸。原木之尺寸,角寬 30×20cm, 長 2.5m,每種段數,杉計十五,洋松美杉,又各十五,爲豰供試驗之用,必須還健全無疵之材。然除美杉外,而杉木洋松,輙瑕玼不一,故各材試體個量,因亦多寡不等也。

各材運到之時,已距伐期年半以上,復匳乾燥室內,以使彀乾,故呈氣乾狀態,而此比較試驗,亦卽以此狀態爲標準。

3. 供試材之外觀的狀態及其解剖的特徵

**A.外觀的狀態**

木材外觀之狀態,乃包括下列諸端:一,木材之大小及形狀;二,木材之心邊材; 三,年輪; 四,木材之色; 五,木材之光澤與香氣; 六,木材之精粗及紋理等; 爲工藝性質之重要事項。本試驗就各供試材,檢取圓盤,厚5cm,分別觀察其外觀狀態如次:

a. 杉木　年輪齊整,春秋材之區別判明; 春材之幅比秋材廣,擬年輪(False Ring)疎間有存在,但其色腺腿不顯。蓋本試驗之材料,因年齡較高,故擬年輪之存在極少,普通擬年輪之生成,恆現於生長旺盛之幼齡樹材,尤以十數年生者爲著。邊心材之區別顯明,心材爲淡紅褐色,邊材灰白色,與邊材爲界之二三輪廓,特呈淡紫褐色,是爲本材識別上之有力據點。

本材削面有光,木理通直, 並含有揮發性香氣,不爲白蟻所蟲,故耐久力強。

b. 洋松　年輪形狀,齊整不一,春秋材之區別明瞭,邊材與心材之境界亦顯著,邊材幅廣,其色淡褐,心材色爲赤褐,或黃褐,赤色較黃色者,組織極密,

( 67 )

190

8　　　　金陵學報　第九卷　第一·二期

一般有紅松與黃松之分，然在植物學上，同一種屬。

　　木材髓線雖細微，而木理不匀，光澤亦飽，其所以馳名世界者，不在乎材質，乃在乎價廉量富，而能供給大量之用材也。

　　c. 美杉　年輪齊整，其各輪境界區分極明，邊材與心材殊難判別，邊材概為白色，心材稍帶桃紅色。

　　木材髓線細微而顯著，光澤亦彊，呈閃爛之絹光，材質輕軟，木理平滑通直。

B. 解剖的特徵

　　軌枕用材之解剖的特徵，非僅與防腐處理有關，且為比重及强度相關之要素，茲就各材鏡檢之結果，逃之如次

　　a. 杉木　橫斷面上年輪判明，春材幅寬，由春材向秋材之移行稍急進。假導管之直徑，春材半徑方向45—65μ，弦之方向35—45μ，壁厚1.5—2μ，秋材半徑方向12—25μ，弦之方向16—30μ，壁厚5—6μ，假導管之長3,000—4,200μ。

　　半徑壁之重紋孔為單列，其外緣之直徑18—20μ，弦面重紋孔，其外緣之直徑10—13μ，特以秋材外方者為顯著，木柔細胞，於秋材部，為不規則之同心圓狀配列，髓線單列4—20細胞高，髓綫紋孔為橢圓形，各分野有二。

　　b. 洋松　橫斷面上年輪極明，春材幅數倍於秋材，由春材向秋材之移行極急進，脂溝雖存在，而分佈不匀，非若松材之密佈，其水平脂溝小於垂直脂溝，存於髓線內，假導管之直徑，春材半徑方向40—60μ，弦之方向48—65μ，壁厚2μ，秋材半徑方向20—40μ，弦之方向42—60μ，壁厚4—7μ，假導管之長為2,000—4000μ，春秋兩材假導管之內壁，均為螺旋紋，半徑壁之重紋孔為單列，間有雙列者，髓線細微為單列，雙列者極稀，單列髓線細胞高1—16，有髓線假導管，其內壁為螺旋紋，水平及切線壁均肥厚

　　c. 美杉　橫斷面上年輪境界顯明，春材幅占全輪二分之一至三分之二，由春材向秋材之移行急進，有脂溝垂直脂溝最大直徑，有達135μ（平均60—90μ），水平脂溝甚小，在35μ之下，假導管之直徑，春材半徑方向50—60μ，弦之方

（ 68 ）

向38—42μ,壁厚2—3μ,秋材半徑方向12—40μ,弦之方向30—45μ,壁厚3—5μ,假導管之長, 4,500—6,000μ。

半徑壁之重紋孔,爲單列,雙列者極稀,木柔細胞,幾不可見,髓線細密,多爲單列,髓線細胞高1—16,髓線假導管之內壁,具螺旋紋,水平及切線壁均肥厚。

## III. 試驗之方法

本賦材當鐵道部送託試驗時, 已呈氣乾狀態, 故得直接由該材造成供試體,初分別心邊材, 去其瑕疵部分,繼於材端,按所需尺寸大小劃線, 以粗製試體,更加鉋削, 使胡符所定尺寸, 以供試驗之用。

本試驗分含水狀態, 比重,年輪密度,抗拉強,抗彎強,抗壓強,抗剪強,劈裂性, 及硬度等項。

1. 年輪密度　就各供試材斷面之髓線方向,即與年輪成直角之方向,引一直線,檢定年輪個數,而測定平均1cm間所存在之年輪數。

2. 比重及含水率　就經過抗彎強實驗後之試材,取其兩端,截成2×2×4cm試片,供作比重之試體。先是將材片乾燥達絕乾狀態時,兩度秤其重量, 以試驗複形之容積,除其重量,計算氣乾及絕乾比重,實數以100倍之。

含水率,即對本試體絕乾重量之百分率也。又於同一氣乾狀態, 各供試體之氣乾比重,由其容積之重量,求之即得。

抗拉抗壓抗剪劈裂及硬度等,爲抗彎強供試材之一部,或爲同試體鄰接之資料,含水率雖不免些微差異,而影響於抗力及比重則甚小。

3. 抗彎強 (Bending Strength)　試材尺寸爲5×5×75cm,施以精確鉋削,支其兩端之徑間距離(L),當供試材中央斷面高(h其寬b亦等)之14倍爲70cm,試驗機械係用 Amsler's (瑞士製)二〇噸試驗機 (Amsler Universal Testing Machine),加單力於中央,求其最大荷重 (Ultimate Load)。荷重點之進行速度, 每分運動 0.3cm,供試材之屈撓, 隨樹材之種別, 與荷重之增加

### 松杉軌枕之强度比較試驗

7. 劈裂性( Cleavability)　木材之纖維方向,當楔侵入之性質也。其對劈裂之應力,爲抗裂性,木材因受楔之外力所入之楔長爲長。本試驗試體尺寸,爲5×5×10cm,其劈面分直交二者,劈裂之進行速度,每分值爲0.3cm,以最後荷重,表示劈裂裂性之大小,即其數值之大者,劈裂難,小者反是。

8. 硬度(Hardness)　木材之硬度,爲對外力侵壓之應力尺供試體,斷面積爲 5cm²,厚3cm,分爲橫斷面(End)徑斷面(Ra (Tangential)三種。以1.5cm距離,作三列三行之九個睇點,硬度,爲供試體一個之硬度。

硬度試驗,應用Brinell硬度試驗機,球之直球爲10mm,標加壓時間爲30秒,凹痕(Indentation)直徑,直接由球壓測深器值,即以鋼球壓入材體之球面表面積mm²除一定荷重,或由荷重取Brinell硬度。

## IV.　試驗之結果

依前記方法所測得之結果,除年輪密度,如下表所示外,餘均列等表。

| 材種 \ 密度 | 最大 | 最小 | 平均 | 各經80次測 |
|---|---|---|---|---|
| 杉木 | 3.4 | 1.4 | 2.1 | |
| 洋松 | 4.5 | 2.8 | 3.3 | |
| 羹杉 | 6.0 | 5.3 | 5.0 | |

附表1.及2.均爲國産杉木,前者係沅江流域所產,後者爲湘西苗杉
附表3.　爲輸入之洋松
附表4.　爲輸入之羹杉

金陵學報　第九卷　第一·二期

## VI. 結論

由上表各項結果,互資比較,可得結論如次:

### I. 解剖學的性質:

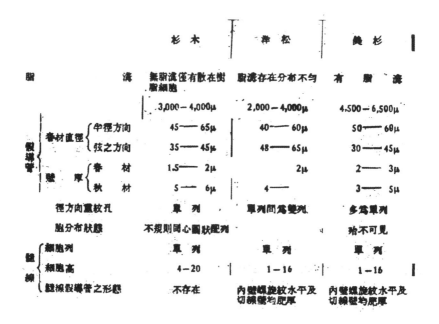

| | 杉　木 | 洋　松 | 美　杉 |
|---|---|---|---|
| 脂溝 | 無脂溝僅有散在樹脂細胞 | 脂溝存在分布不勻 | 有　脂　溝 |
| 假導管　長 | 3,000—4,000μ | 2,000—4,000μ | 4,500—6,500μ |
| 春材直徑 { 半徑方向 | 45—65μ | 40—60μ | 50—68μ |
| 　　　　{ 弦之方向 | 35—45μ | 48—65μ | 30—45μ |
| 壁厚 { 春材 | 1.5—2μ | 2μ | 2—3μ |
| 　　 { 秋材 | 5—6μ | 4 | 3—5μ |
| 徑方向壁紋孔 | 單列 | 單列間為雙列 | 多為單列 |
| 胞分布狀態 | 不規則同心圓狀排列 | | 殆不可見 |
| 髓線 { 細胞列 | 單列 | 單列 | 單列 |
| 　　 { 細胞高 | 4—20 | 1—16 | 1—16 |
| 髓線假導管之形態 | 不存在 | 內壁螺旋紋水平及切線壁均肥厚 | 內壁螺旋紋水平及切線壁均肥厚 |

以內結果,各材假導管之長短,其管壁之厚薄,隨線細胞之列高等,雖微差,而影響於強度。除抗折抗壓彈性係數外,尚無顯著之佐證。

### II. 比重及機械的性質:

茲為應本試驗之目的,以求代用木材,故乃以杉木為標準,而與他材作麗較,即以杉木之理學的性質與強度結果,定為一〇〇,而求出他材強度之百分率,如次表所示:

## 松杉軌枕之強度比較試驗　15

| 比較項目 / 樹種 平均數 | | 杉木 (no.182) 平均數 | 南松 平均數 | 美杉 平均數 |
|---|---|---|---|---|
| 含水量 | % | 16.94 | 16.57 | 14.07 |
| | 比較百分率(%) | 100.0 | 97.5 | 83.1 |
| 氣乾比重 | % | 41.8 | 56.9 | 51.4 |
| | 比較百分率(%) | 100.0 | 136.1 | 122.9 |
| 全乾比重 | ×100 | 36.9 | 47.1 | 42.2 |
| | 比較百分率(%) | 100.0 | 127.6 | 114.4 |
| 抗彎強 | Kg/cm² | 634.2 | 643.8 | 651.1 |
| | 比較百分率(%) | 100.0 | 101.5 | 102.6 |
| 彈性係數 | Kg/cm² | 69.821 | 63.808 | 88.733 |
| | 比較百分率(%) | 100.0 | 91.4 | 127.1 |
| 抗壓強 縱壓 | Kg/cm² | 355 | 401 | 350 |
| | 比較百分率(%) | 100.0 | 112.9 | 98.6 |
| 橫壓 | Kg/cm² | 64 | 79 | 74 |
| | 比較百分率(%) | 100.0 | 123.4 | 115.6 |
| 抗剪 與年輪平行 | Kg/cm² | 78.8 | 97.1 | 103.2 |
| | 比較百分率(%) | 100.0 | 123.2 | 130.9 |

（ 77 ）

| | | | 71.2 | 109.3 | 96.4 |
|---|---|---|---|---|---|
| 強 | 與年輪成直角 | Kg/cm² | 71.2 | 109.3 | 96.4 |
| | | 比較百分率(%) | 100.0 | 153.5 | 135.4 |
| 抗 | 與木理平行 | Kg/cm² | 471 | 763 | 539 |
| | | 比較百分率(%) | 100.0 | 161.9 | 114.4 |
| 拉 | 與木理垂直 | Kg/cm² | 16.6 | 18.7 | 14.9 |
| | | 比較百分率(%) | 100.0 | 112.0 | 89.8 |
| 強 | 而與年輪垂直平行 | Kg/cm² | 23.9 | 25.2 | 25.2 |
| | | 比較百分率(%) | 100.0 | 105.4 | 105.4 |
| 劈 | 與年輪平行 | Kg/cm | 29.6 | 54.6 | 45.3 |
| | | 比較百分率(%) | 100.0 | 184.4 | 153.0 |
| 裂 | 與年輪垂直 | Kg/cm | 26.2 | 43.0 | 32.7 |
| | | 比較百分率(%) | 100.0 | 164.1 | 124.8 |
| 硬 | 橫斷面 | Brinell 硬度 | 2.15 | 2.91 | 2.41 |
| | | 比較百分率(%) | 100.0 | 135.3 | 112.1 |
| | 徑斷面 | Brinell 硬度 | 0.99 | 1.34 | 1.19 |
| | | 比較百分率(%) | 100.0 | 135.4 | 120.2 |
| 度 | 弦斷面 | Brinell 硬度 | 0.99 | 1.26 | 1.18 |
| | | 比較百分率(%) | 100.0 | 127.3 | 119.2 |

## 松杉軌枕之強度比較試驗　　　　　17

依上表所得之比較百分率,得分別比較其優劣如次:

1.抗彎強　杉木之抗彎強雖小於洋松美杉,而彈性系數,則大於洋松,次於美杉

2.抗壓強　抗壓強之增減,與木材之比重有關,而木材之比重,因各樹種固有組織及水分而異,同一樹種,氣乾狀態時,抗壓強與比重之比,概有一定之值,此抗壓強與比重之比,即為形質商,(quality quotient)用以決定木材工藝性質之標準。

本試驗各材之形質商,杉木為8.5,洋松為7.0,美杉為6.8。

從來試驗抗壓強,僅屬縱壓,然軌枕用材。恆加荷重於與纖維垂直面上,所謂橫壓,誠亦有考慮之必要。

依上述試驗結果,杉木之縱壓與美杉,幾無顯著差別,但遜於洋松,至橫壓則以洋松為優,美杉杉木悉居於次。

3.抗拉強　木理平行之抗拉強,杉木雖小於洋松與美杉,而木理垂直並年輪平行者,各材殆無甚差別,至木理並年輪垂直者,杉木不及洋松,而勝於美杉。

4.抗剪強　杉木之抗剪,無論與年輪平行或垂直者,皆不及洋松與美杉。

5.劈裂之難易　劈裂以杉木為最易,美杉次之,洋松又次之,

6.硬度　同種木材硬度之差,以橫斷面為著,徑弦兩斷面,殆無明顯區別各材比較結果,無論縱橫斷面,以洋松為優,美杉杉木皆不及焉。

綜上所述,各材強度之平均值,杉木雖次於洋松美杉,而究其差別之度,殆亦大同小異,況材質所要之條件,乃隨其用途而異.夫杉木洋松美杉三者,依形質商而論,均以建築為主要目的,蓋以其重量輕而強度大也,且軌枕用材,除一般強度外,耐久性之大小。產量之多寡,與夫取材之難易,毋不為實際考慮之問題,若夫杉木,分佈既廣,耐久亦強,與其採用洋松為軌枕,毋寧以杉木代用之為宜,至其衝擊應力與耐久之試驗,尚須待諸異日也。

金陵大學農學院

18　　金　陵　學　報　第九卷　第一·二期

# THE COMPARATIVE STRENGTH OF CHINESE FIR, DOUGLAS FIR AND SITKA SPRUCE USED FOR SLEEPERS

## SUMMARY

CHU HWEI-FANG

Chinese Fir, Douglas Fir and Sitka Spruce were studied in these experiments. Chinese fir is one of the important trees found in the south-eastern and south-western parts of this country. It is widely Distributed and a great number of products are secured from it. Douglas fir and Sitka spruce have both been imported from America and, especially the Douglas fir, are of great use in construction work. For example, ra ilway sleepers are made of these woods; the most commonly used being the Douglas fir. Since strength and preservation from decay are closely related to the safety and economy of railways, comparative tests were made of these woods.

These woods were tested separately. The Chinese fir was obtained from Yuan Kiang in western Hunan, and from the borders of Hunan and Kwei-chow. The Douglas fir and Sitka spruce were imported. When testing all such woods, they are dried in the air.

This experiment may be divided into tow parts, one the anatomical characteristics, and the other its density or specific gravity and mechanical properties. In the second part the following tests were included:

1. Moisture
2. Specific Gravity
3. Modulus of Rupture
4. Modulus of Elasticity
5. Compressive Strength
   a. End Compression
   b. Side Compression
6. Shearing Strength
   a. Parallel to Ring
   b. Perpendicular to Ring

7. Tensile Strength
  a. Parallel to Grain
  b. Perpendicular to Grain
    1. Parallel to Ring
    2. Perpendicular to. Ring
8. Cleavability

  a. Parallel to Ring
  b. Perpendicular to Ring
9. Hardness
  a. End
  b. Radial
  c. Tangential

A. **Anatomical characteristics:**

| Anatomical features / Species | Chinese Fir | Douglas Fir | Sitka Spruce |
|---|---|---|---|
| Resin ducts | Resin cells present usually scattered in late wood | Resin ducts present but uneven distributed | Resin ducts present |
| Length | 3.000–4.000μ | 2.000–4.000μ | 4 5000–6.5000μ |
| Radial diameter of early woods | 45—65 | 40—60μ | 50—60μ |
| Tangential diameter of early woods | 35—45 | 48—65μ | 30—45μ |
| Thickness of walls in early wood | 1.5—2 | 2 | 2—3μ |
| in late wood | 5—6 | 4—7 | 3—5μ |
| Radial bordered pits | usually in one row | Always in one row but scarcely in two rows | Mostly in one row |
| Rays — Wide of cells | Uniseriate | Uniseriate | Uniseriate |
| Height | 4—20 | 1—16 | 1—16 |
| Raytracheid | absent | present with spiral wall | present with spiral wall |

A though the length of tracheid the thickness of the tracheid walls, and the highth, also the width of rays, are somewhat different in their anatomical characteristics, there are no apparent change that will influence their strength.

B. **Mechanical properties:**

Suppose the mechanical property of Chinese Fir is one hundred, then the percentage of Douglas fir and Si ka spruce may be determined

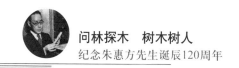
金 陵 學 報　第九卷　第一·二期

from tables I, II, III, and IV, as follows:

### Table V
Summary of Tables I,II,III and IV

| Kind of tests / Species | | Chinese Fir No. 1 & 2 | Douglas Fir | Sitka spruce |
|---|---|---|---|---|
| Moisture | % | 16.94 | 16.52 | 14.07 |
| | Comparatively(%) | 100.0 | 97.5 | 83.1 |
| Specific Gravity air-dry | ×100 | 41.8 | 56.9 | 51.4 |
| | Comparatively(%) | 100.0 | 136.1 | 122.9 |
| pecific Gravity oven-dry | ×100 | 36.9 | 47.1 | 42.2 |
| | Comparatively(%) | 100.0 | 127.6 | 114.4 |
| Modulus of Rupture | kg/cm² | 634.2 | 643.8 | 651.1 |
| | Comparatively(%) | 100.0 | 101.5 | 102.6 |
| Modulus of Elasticity | kg/cm² | 69,821 | 63,808 | 88,733 |
| | Comparatively(%) | 100.0 | 91.4 | 127.1 |
| Compressive strength / End Comp. | kg/cm² | 358 | 404 | 350 |
| | Comparatively(%) | 100.0 | 112.9 | 98.6 |
| Side Comp. | kg/cm² | 64 | 79 | 74 |
| | Comparatively(%) | 100.0 | 123.4 | 115.6 |
| strength / Ring | Kg/cm² | 78.8 | | 103.2 |
| | Comparatively(%) | 100.0 | 123.2 | 130.9 |

（ 82 ）

各种枕木之强度比较试验

| | | | | | |
|---|---|---|---|---|---|
| **Shearing** | ⊥ Ring | Kg/cm² | 71.2 | 189.3 | 96.4 |
| | | Comparatively(%) | 100.0 | 158.5 | 135. |
| **Tensile strength** | II Grain | Kg/cm² | 471 | 763 | 539 |
| | | Comparatively(%) | 100.0 | 161.9 | 114. |
| | ⊥ Grain & ⊥ Ring | Kg | | | .9 |
| | | Comparatively(%) | 100.0 | 112.0 | 89.8 |
| | ⊥ Grain & ∥ Ring | Kg/cm² | 23.9 | 25.2 | 25.2 |
| | | Comparatively(%) | 100.0 | 105.4 | 105. |
| **Cleavability** | ∥ Ring | Kg/cm | 29.6 | 54.6 | 45. |
| | | Comparatively(%) | 100.0 | 184.4 | 153.0 |
| | ⊥ Ring | Kg/cm | 26.2 | 43.0 | 32.7 |
| | | Comparatively(%) | 100.0 | | 124.8 |
| **Hardness** | End | Brinell | 2.15 | 2.91 | 2.41 |
| | | Comparatively(%) | 100.0 | 135.4 | 112.1 |
| | Radial | Brinell | 0.99 | 1.34 | 1.1 |
| | | Comparatively(%) | 100.0 | 135.4 | 120.2 |
| | Tangential | Brinell | .99 | 1.26 | 1.1 |
| | | Comparatively(%) | 100.0 | 127.3 | 119.2 |

（ 83 ）

22　　　金　陵　學　報　　第九卷　第一・二期

There are no great differences in use made of these trees although the average value of Chinese fir is lower than that of Douglas fir and the Sitka spruce as may be seen in table V. By experience the durability of Chinese fir is really higher than that of the Douglas fir when used as railway sleepers. To determine the accurate durability of these woods further research is needed.

## 參考書目 LITERATURE CITED

Penhallow, D. P.　A manual of the North American Gymnosperms.

Luxford, R. F. & George, W.　Wood handbook.

Howard, A. L.　A manual of the timber of the world.

Stone, H.　A textbook of woods.

Garratt, G. A.　The mechanical properties of wood.

Hufnagl, L. & Flatscher, J. H.　Handbuch der kaufmaennischen Holzverwertung und des Holzhandels.

Weiss, H. F. & Winslow, C. P.　Service tests of ties (Forest Service Circular 209.)

Markwardt, L. J.　Comparative strength properties of woods grown in the United States (U.S. Dept. Agr. Tech. Bull. 158.)

阮　煜　中國樹木分類學

朱惠方　木材利用上之防腐問題

　　　　中國木材之硬度研究

朱惠方陸志鴻　中國中部木材之硬度試驗

# 附　录

# 朱惠方先生的科教足迹

| 序号 | 时间 | 历史机构 | 学习、工作、任职 | 现在机构 | 创建时间 |
|---|---|---|---|---|---|
| 1 | 1915—1919 | 江苏省立第三农业学校（1929年更名为江苏省立淮阴农业学校） | 学习，补习物理、化学、日语等课程 | 淮安生物工程高等职业学校（江苏联合职业技术学院淮安生物工程分院） | 1908年 |
| 2 | 1919—1922 | 同济大学德文预习班（私立同济医工专门学校） | 学习德文，准备赴德留学 | 同济大学 | 1907年 |
| 3 | 1922—1925 | 明兴大学 | 获林学学士学位 | 慕尼黑大学 | 1472年 |
| 4 | | 普鲁士林学院 | 1922年转入 | | |
| 5 | 1925—1927 | 奥地利维也纳垦殖大学研究院 | 攻读森林利用学 | 奥地利维也纳农业大学 | 1872年 |
| 6 | 1927—1929 | 浙江大学劳农学院 | 副教授、教授兼林学系主任 | 浙江大学农业与生物技术学院 | 1897年 |
| 7 | 1927 | 中华农学会 | 会员 | 中国农学会 | 1917年 |
| 8 | 1929—1930 | 北平大学农学院 | 教授、林学系主任 | 中国农业大学 | 1905年 |
| | | | | 北京林业大学 | 1952年 |
| 9 | 1929 | 中华林学会 | 会员 | 中国林学会 | 1917年 |
| 10 | 1930—1943 | 金陵大学农学院 | 教授、森林系主任 | 南京林业大学 | 1910年 |
| | | | 1936年负责金陵大学农学院迁成都华西坝华西大学 | 四川大学华西医学中心 | 1910年 |
| 11 | 1943—1945 | 中央研究院林业实验研究所 | 副所长 | 中国林业科学研究院木材工业研究所 | 1957年 |
| | | | | 江苏省林业科学研究院 | 1941年 |

| 序号 | 时间 | 历史机构 | 学习、工作、任职 | 现在机构 | 创建时间 |
|---|---|---|---|---|---|
| 12 | 1943 | 川康农工学院 | 曾兼任教授、农垦系主任 | 四川大学 | 1939年 |
| 13 | 1945—1948 | 长春大学农学院 | 组建，并任教授、院长 | 沈阳农业大学 | 1952年 |
| | | | | 东北农业大学 | 1948年 |
| | | | | 东北林业大学 | 1952年 |
| 14 | 1948—1954 | 台湾大学农学院 | 任教授、森林系主任 | 台湾大学森林环境暨资源学系 | 1925年 |
| | | 台湾大学实验林管理处 | | 台湾大学生物资源暨农学院实验林管理处 | 1949年 |
| 15 | 1949 | 台湾省林学会 | 理事 | 台湾省中华林学会 | |
| 16 | 1954—1956 | 美国纽约州立大学 | 交换教授 | 纽约州立大学 | 1816年 |
| 17 | 1957 | 森林工业部森林工业科学研究所 | 木材性质研究室主任 | 中国林业科学研究院木材工业研究所 | 1957年 |
| 18 | 1957 | 九三学社 | 社员 | 九三学社 | 1946年 |
| 19 | 1958—1960 | 中国林业科学研究院森林工业科学研究所 | 木材性质研究室主任 | 中国林业科学研究院木材工业研究所 | 1957年 |
| 20 | 1960—1963 | 中国林业科学研究院木材工业研究所（1970—1978中国农林科学院森林工业研究所） | 木材性质研究室主任 | 中国林业科学研究院木材工业研究所 | 1957年 |
| | 1963—1978 | | 副所长、木材性质研究室主任 | | |
| 21 | 1960—1978 | 中国林学会 | 第二届理事、第三届副理事长、森工委员会主任 | 中国林学会 | 1917年 |
| 22 | 1964 | 中国人民政治协商会议 | 第四届全国委员会委员 | 中国人民政治协商会议 | 1949年 |
| | 1978 | | 第五届全国委员会常务委员 | | |

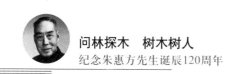
# 朱惠方先生作品总目录 [1]

## 一、正式论文及著作

1  朱会芳.落叶层与森林上之关系 [J].农学丛刊（杭州），1929，1（1）：68-76.

2  朱会芳.中国造纸事业与原料木材 [J].农林新报 [2]，1931，8（8-9）：7-9.

3  朱会芳.东三省之森林概况 [J].农林新报，1933，10（8）：6-12.

4  朱会芳.森林与水之关系 [J].农林新报，1933，10（30）：2-4.

5  朱会芳，陆志鸿.利用：中国中部木材之强度试验 [J].中华农学会报 [3]，1934，森林专号（129-130）：78-109.

6  朱会芳.中国木材之硬度研究 [J].金陵学报 [4]，1935，5（1）：1-134.

7  朱会芳.提倡国产木材的先决问题 [J].农林新报，1935，12（2）：41-44.

8  朱会芳.世界木材之需给概观 [J].农林新报，1935，12（8）：5-9.

9  朱会芳.木材利用上之防腐问题 [J].农林新报，1936，13（1）：33-35.

10  朱会芳.竹材造纸原料之检讨 [J].农林新报，1936，13（8）：5-8.

11  朱惠方.松杉轨枕之强度比较试验 [J].金陵学报，1939，9（1-2）：63-84.

---

1 说明：朱惠方先生作品总目录中文献均来自网站全国报刊索引 https://www.cnbksy.com/home。

2《农林新报》：1924年1月1日在南京创刊，停刊于1946年4月。该刊由金陵大学农学院农林新报社编辑出版，后迁成都出版。初为半月刊，两年后改为旬刊，属于农业刊物。

3《中华农学会报》：1920年9月创刊于南京，月刊，农业刊物，由中华农学会事务所编辑并出版，馆址位于南京三牌楼，主要撰稿人有陈嵘、汤惠荪、童玉民等。该刊英文名为"*The Journal of Agriculture Forestry*"，最初名为《中华农学会丛刊》，与中国森林会会报合出版，自第2卷第1期起单独发行，且更名为《中国农学会报》。该刊每年出月刊10册，专刊2册，全年共12册。该刊的停刊时间和原因不详。馆藏1920年10月第2卷第1期至1948年11月第190期，共172期。该刊是中国农学会的机关刊物，且连续出版了20多年，因而大量收录了有关农业、林业方面的学术文章，这些文章不仅对民国时期我国农林业的发展研究起到了极大的推动作用，而且对今人研究中国农学会的生存发展、历史变迁有重要的史料参考价值。

4《金陵学报》：1931年5月创刊于南京，又名"*Nanking Journal*"，半年刊，属于学术类刊物。主编为李小缘，是当时著名的图书馆学家。由私立金陵大学金陵学报编辑委员会编辑，私立金陵大学出版委员会出版，私立金陵大学编辑部发行。印刷者先后有南京美丰祥印书馆、蓉新印刷工业合作社等。具体停刊时间及原因不详，馆藏最后一期为1941年10月发行的第11卷第3期。

12 朱惠方 . 造林运动感言 [J]. 农林新报，1939，16（6-8）：0-1.

13 朱惠方 . 大渡河上游森林概况及其开发之刍议 [J]. 农林新报，1939，16：9-36.

14 朱惠方 . 改进大学林业教育意见书 [J]. 农林新报，1940.17（7-9）：1-2.

15 朱惠方 . 川康森林与抗战建国 [J]. 农林新报，1940，17（10-12）：1-5.

16 朱惠方 . 西康洪坝之森林（附图表）. 中国森林资源丛著[5] [M]. 金陵大学农学院森林系，1941.

17 朱惠方 . 木栓 . 金陵大学林产利用丛书 [M]. 金陵大学农学院森林系，1941.

18 朱惠方 . 橡胶述略 . 金陵大学林产利用丛书 [M]. 金陵大学农学院森林系，1942.

19 朱惠方 . 人造板工业 [J]. 农林推广通讯，1944（8）：26-29.

20 朱惠方 . 成都市木材燃料之需给 [J]. 林学（中央林业实验所研究专刊），1944，3（1）：23-85.

21 朱惠方 . 四川全省茶叶之鸟瞰 [J]. 新四川月刊，1939，1（6）：25-28.

22 朱惠方 . 木材工艺讲座（一）：中国木材工艺之重要与展望 [J]. 农业推广通讯，1944，6（1）71-73.

23 朱惠方 . 木材工艺讲座（三）：林间制材工业（下）[J]. 农业推广通讯，1944，6（4）37-39.

24 朱惠方 . 胶板工业（附表）[J]. 林讯[6]，1945，2（2）：13-20.

25 朱惠方 . 木材利用之范畴与进展 [J]. 林讯，1945，2（2）：封2，3-7.

26 朱惠方 . 复员时木材供应计划之拟议（附表）[J]. 林讯，1945，2（5）：封2，3-7.

27 朱惠方，董一忱 . 东北垦殖史（上卷）. 长春大学农学院丛书 [M]. 长春：从文社发行，1947.

28 梁希，朱惠方 . 台湾林业视察后之管见 [J]. 林产通讯（台湾），1948，2（7）：4-18.

29 朱惠方 . 解决本省轨枕用材问题之刍议 [J]. 台湾农林通讯，1951（2-3）.

30 朱惠方 . 中国木材之需给问题 [J]. 台湾林业月刊，1952（1-3）.

5 《中国森林资源丛著》：创刊于 1941 年 5 月，是森林资源刊物。该刊认为开发森林事业，无论国营私营，必须从调查入手，始可确定利用之范围，与经营之方式。其中"西康洪坝之森林"一文，介绍了该森林的地理背景、森林现况及其变迁、主要林木之特征、森林蓄积与其生长量、资源之增殖、资源之利用等内容。

6 《林讯》：1944 年 7 月 1 日创刊于重庆（四川），双月刊，属于林业刊物，由农林部中央林业试验所编辑并发行。该刊停刊时间及原因不详，现馆藏最后一期为 1946 年发行的第 3 卷第 2 ～ 3 期。《林讯》刊登了大量研究林业问题的论著，阐明了林业的重要性和研究价值，介绍了抗战中各林业机关的工作概况，并刊载了西部经济林业调查报告，报道了国内林业及各林科学校的动态，搜集和翻译了国外林业资料。

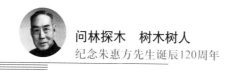
31 朱惠方. 中国经济木材之识别. 第一编：针叶树材 [R]. 中国林业科学研究院木材研究所木材性质研究室研究报告 [ 森工（60）28 号 ], 1960.

32 朱惠方，李新时. 数种速生树种的木材纤维形态及其化学成分的研究 [J]. 林业科学, 1962, 7（4）: 255-267.

33 朱惠方. 阔叶树材显微识别特征记载方案 [R]. 中国林业科学研究院木材工业研究所木材性质研究室研究报告 [ 森工（63）1 号 ], 1963.

34 朱惠方，腰希申. 国产 33 种竹材制浆应用上纤维形态结构的研究 [J]. 林业科学, 1964, 9（4）: 33-53.

35 朱惠方. 英汉林业词汇 [M]. 2 版. 北京：科学出版社, 1977.


## 二、报告及报道

1 朱会芳. 世界木材之需给概观 [N]. 江苏月报, 1935, 3（4）: 32-36.

2 朱惠方. 大渡河上游森林概况及其开发之刍议 [C]. 全国农林试验研究报告辑要, 1941, 1（3）: 92-93

3 朱惠方. 木栓 [C]. 全国农林试验研究报告辑要, 1941, 1（5）: 137.

4 朱惠方. 林业：西康洪坝之森林 [C]. 全国农林试验研究报告辑要, 1941, 1（6）: 157-158.

5 朱惠方. 中国木材之硬度研究 [C]. 全国农林试验研究报告辑要, 1942, 2（4-5）: 81-82.

6 朱惠方. 松杉轨枕之强度比较试验 [C]. 全国农林试验研究报告辑要, 1942, 2（4-5）: 82.

# 后记

榜样和基石的力量，让我们奋勇前行；精神和信仰的力量，引领我们开拓创新。在我国现代科学的发展过程中，老一辈科学家以卓越的贡献和高尚的品格为我们树立了榜样和基石，引领一代代科研人员爱国奉献、开拓进取。

自 2010 年中国科学技术协会、中共中央组织部等 11 部委实施《老科学家学术成长资料采集工程实施方案》以来，已发掘整理了一大批老科学家学术成长和爱国奉献的重要史料，激发了广大科技工作者的创新热情和创造活力。中国林业科学研究院木材工业研究所积极倡导和推动学科和文化溯源，2018 年组建了"文化与溯源小组"，先后牵头开展了所史、学科史等历史资料的搜集整理工作。以朱惠方先生为代表的老一辈木材科学家，热爱祖国、艰苦奋斗、严谨治学、无私奉献。学习和发扬他们的精神，既是推进木材科学文化自信自强的重要举措，也是讲好新时代中国木材故事的实现路径。

2022 年是朱惠方先生诞辰 120 周年。为了缅怀朱惠方先生为中国林业和木材科学发展做出的突出贡献，挖掘朱惠方先生的学术思想和学术成就，"文化与溯源小组"组织实施了"朱惠方先生学术资料搜集整理专项工作"。以《中国林业事业的先驱和开拓者（朱惠方年谱）》为线索，通过查阅科技文献史料和交流研讨，整理了朱惠方先生的生平、著作，挖掘了朱惠方先生的学术思想，组织撰写了纪念文章，终于完成了《问林探木 树木树人：纪念朱惠方先生诞辰 120 周年》一书。

该专项工作全程得到了"朱惠方先生年谱"作者王希群教授级高工的悉心指导；成稿过程中，王建兰高工给予了极大帮助并撰稿成文；书稿完成后，胡宗刚先生、丁美蓉高工、袁东岩高工、姜笑梅研究员、孙振鸢研究员、段新芳研究员、殷亚方研究员、宋平工程师等提出了宝贵意见；朱惠方先生的

亲属朱家琪研究员、朱昌延先生、朱昌颐先生等提供图文资料并撰写了回忆文章。在此一并表示诚挚的感谢！

还需特别感谢的是中国林业科学研究院第三任院长黄枢先生为此书作序。黄枢先生与朱惠方先生相识于读书时期，结缘于梁希教授，共事于中国林学会。他对朱惠方先生的学术成就、爱国情怀，以及科学家精神给予高度赞扬，也对这项工作予以肯定，在此向黄枢老院长致以衷心的感谢。

需说明的是，对朱惠方先生的学术思想、学术成就的研究，迄今还不够全面、深入，有待进一步丰富和提升。因水平有限存在的不足甚至错误之处，敬请广大读者谅解并批评指正。

中国林业科学研究院木材工业研究所

文化与溯源小组

2022 年 10 月

注：文化与溯源小组成员（傅峰、姜笑梅、闫昊鹏、王超、张鹏、马青、劳万里、郭文静、韩雁明、杨光、徐佳鹤等）。照片为 2022 年 11 月 2 日，文化与溯源小组的代表拜访中国林业科学研究院第三任院长黄枢先生。（摄影　王超）